新工科·普通高等教育汽车类系列教材

机械 CAD 技术基础及应用

主　编　朱春侠
副主编　何金戈　王体迎
参　编　肖明伟　李劲松

机械工业出版社

本书是系统学习CATIA V5软件的快速入门与提高教程。全书由浅到深、循序渐进地介绍了软件的基本操作及命令的使用，结合大量的实例对CATIA V5软件中一些抽象的概念、命令和功能进行讲解。全书内容主要包括机械CAD技术概论、CATIA V5基础知识、二维草图设计、零件特征设计、零件修饰特征设计、零件变换特征设计、创成式曲面设计、装配设计和工程图设计。本书简明实用、图文并茂，各章内容和实例彼此关联，前后呼应，结构严谨、内容翔实，设计实例实用性强，紧贴软件的真实界面进行讲解，使读者能够直观、准确地操作软件，从而提高学习效率。本书主要针对使用CATIA V5的广大初、中级用户，也可作为高等院校和各类培训学校CAD课程的教材。

　　本书配有PPT课件及配套资料（素材、范例文件），选用本书作为教材的教师可以登录www.cmpedu.com注册下载，或向编辑（tian.lee9913@163.com）索取。

图书在版编目（CIP）数据

机械CAD技术基础及应用 / 朱春侠主编 . —北京：机械工业出版社，2020.5（2024.7重印）
新工科·普通高等教育汽车类系列教材
ISBN 978-7-111-65095-9

Ⅰ . ①机… 　Ⅱ . ①朱… 　Ⅲ . ①机械设计 – 计算机辅助设计 – 应用软件 – 高等学校 – 教材 　Ⅳ . ① TH122

中国版本图书馆 CIP 数据核字（2020）第 051954 号

机械工业出版社（北京市百万庄大街 22 号　邮政编码 100037）
策划编辑：宋学敏　　　　　责任编辑：宋学敏　王保家
责任校对：潘　蕊　张　征　封面设计：张　静
责任印制：郜　敏
北京富资园科技发展有限公司印刷
2024 年 7 月第 1 版第 2 次印刷
184mm×260mm ·16.5 印张 ·407 千字
标准书号：ISBN 978-7-111-65095-9
定价：49.00 元

电话服务　　　　　　　网络服务
客服电话：010-88361066　机　工　官　网：www.cmpbook.com
　　　　　010-88379833　机　工　官　博：weibo.com/cmp1952
　　　　　010-68326294　金　书　网：www.golden-book.com
封底无防伪标均为盗版　机工教育服务网：www.cmpedu.com

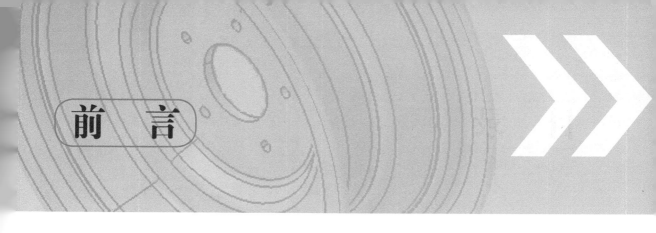

前 言

CATIA 是法国 Dassault System 公司的 CAD/CAE/CAM 一体化软件，居世界 CAD/CAE/CAM 领域的领先地位，在航空航天、汽车、电子、模具、工业设计、船舶类和机械制造等行业广泛应用。在 CATIA 的设计环境中，无论是实体还是曲面，做到了真正的交互操作，贯穿于产品整个开发过程，包括概念设计、详细设计、工程分析、成品定义和制造乃至成品在整个生命周期中的使用和维护。

作者在多年从事 CAD/CAE/CAM 教学和科研过程中积累了丰富的实践经验和教学心得，收集了多年的教学案例，在重视基础和结合实际的原则下编写了本书。同时，本书也是海南省高等学校教育教学改革研究项目（项目编号：Hnjg2019—30）和海南大学教育教学改革研究项目（项目编号：Hdjy1913）的阶段性研究成果。本书可以作为高等院校相关专业的教材，也可以提供给各企业应用此软件的工程师一个学习的通道。本书配有配套资源，含有素材文件和已完成的范例文件，可以帮助读者轻松、高效地学习，索取方式见内容简介。

本书具有以下特色：

（1）浅显易懂。由于 CATIA 模块多，命令和功能复杂，初学者往往不知道如何下手。本书由浅入深、由简入繁地介绍了各个模块的基本应用，能够引导读者顺利完成命令的操作。

（2）章节内容合理。全书内容涵盖了 CATIA 操作界面的介绍、草图的绘制、零件特征的设计、三维曲面的设计、装配的设计和工程图的设计等内容，体现了一般产品的设计过程，也适于读者学习和掌握产品设计的规律。

（3）丰富的典型实例。本书按照前呼后应的教学原则安排了大量教学实例，在讲解了命令的基本操作之后，再结合具体实例的操作方法，使读者能更快、更深入地理解命令和功能的具体应用。

（4）适量的课后练习。各章均附有练习题，可以检验读者学习的程度，便于自学。

本书根据知识模块及功能共划分为 9 章。其中，第 1、2 章由何金戈编写，第 3、4、5、7 章由朱春侠编写，第 6 章由肖明伟编写，第 8 章由李劲松编写，第 9 章由王体迎编写。朱春侠负责全书的统稿工作。在编写本书的过程中，编者得到了陈振斌教授的大力支持，在此深表感谢。

由于编者的水平和经验有限，疏漏之处在所难免，欢迎读者批评指正！

编 者

目　录

第 1 章

机械 CAD 技术概论

1.1 机械 CAD 系统概述

机械产品生产从"少品种、大批量"向"多品种、小批量"发展，要求频繁改型，更新速度加快，市场竞争上升。为了适应形势发展需要，人们逐渐把产品中烦琐、重复的计算、校核、分析和绘图等工作交由计算机完成，使设计人员致力于新产品的开发等创造性工作，成本下降 15%~30%，周期缩短 30%~60%，设备利用率上升 2~3 倍。

1.1.1 机械 CAD/CAM 系统的基本概念

机械 CAD（Computer Aided Design）是指工程技术人员以计算机为辅助工具，来完成产品设计过程中的各项工作，如草图绘制、零件设计、装配设计、工装设计和工程分析等内容。

机械 CAM（Computer Aided Manufacturing）是指工程技术人员借助计算机完成从生产准备到产品制造的各个过程，如计算机辅助数控加工编程、制造过程控制、质量检测与分析等内容。

计算机在信息处理（存储与检索）、分析和计算、图形作图与文字处理以及代替人做大量重复枯燥的工作等方面有优势，但在设计策略、逻辑控制、信息组织及发挥经验和创造性方面，人将起主导作用。两者有机结合，以人机对话方式进行设计，从而形成一门新兴学科。

所以，CAD 不是完全设计自动化，人机信息交流及交互工作方式是 CAD 系统最显著的特点。

1.1.2 机械 CAD 系统的组成及其功能

机械 CAD 系统的功能是由硬件和软件的合理组织及功能的匹配来体现的，主要由计算机、图形输入设备和图形输出设备组成。

1. 机械 CAD 系统中硬件应具有的基本功能

1）计算功能。要求机械 CAD 系统中计算机有较强的计算能力，来实现要求的高速数值计算和图形处理能力。

2）存储功能。机械 CAD 系统要有较大的存储量，以满足图形信息存储和有限元分析信息的存储空间要求。

3）输入、输出功能要强。

4）交互功能。通过人机对话（交互）方式进行各种操作，以实现修改、定值及拾取等活动，来达到理想的设计要求。

2. CAD 系统中软件应具有的基本功能

1）几何造型功能，如线框造型、曲面造型、实体造型、特征造型等。

2）有限元分析功能，如机械零件的强度、振动计算，热传导和热变形的分析计算，流体动力学分析计算等。

3）优化设计功能。产品设计实际上是一个寻优的过程。

4）工程绘图功能。

5）数据管理功能。工程数据库。

6）处理数控加工信息的功能。CAD/CAM 集成，由 APT 编程到交互图像编程技术。

1.1.3　机械 CAD 技术的发展及其应用

1. 机械 CAD 技术的发展

（1）CAD 技术发展的四个阶段

1）形成期。20 世纪 50 年代，MIT 使用 CRT 研制成功图形显示器。

2）发展期。20 世纪 50 年代后期出现的光笔开始了交互式 CAD。

3）成熟期。1978 年诞生了实体造型软件。

4）集成期。出现了集成 CAD/CAM 系统。

（2）CAD 技术的发展趋势

1）标准化。CAD 软件一般应集成在一个异构的工作平台上，只有依靠标准化技术才能解决 CAD 系统支持异构跨平台的环境问题。目前，除了 CAD 支撑软件逐步实现 ISO 标准和工业标准外，面向应用的标准零部件库、标准化设计方法已成为 CAD 系统中的必备内容，且向合理化工程设计的应用方向发展。

2）开放性。CAD 系统目前广泛建立在开放式操作系统 Windows /2000/XP/NT 和 UNIX 平台上，为最终用户提供二次开发环境，这类环境甚至可开放其内核源码，使用户可定制自己的 CAD 系统。

3）集成化。CAD 技术的集成化将体现在三个层次上：其一是广义 CAD 功能，CAD/CAM/CAE/CAPP/ CAQ/PDM/ERP 经过多种集成形式，成为企业一体化解决方案。新产品设计能力与现代企业管理能力的集成，将成为企业信息化的重点。其二是将 CAD 技术采用的算法，甚至功能模块或系统，做成专用芯片，以提高 CAD 系统的使用效率。其三是 CAD 基于计算机网络环境实现异地、异构系统在企业间的集成。应运而生的虚拟设计、虚拟制造和虚拟企业就是该集成层次上的应用。例如，美国通用汽车公司的生产过程中，大量的零部件生产、装配都通过"虚拟工厂""动态企业联盟"的方式完成，本企业只负责产品总体设计和生产少数零部件，并最终完成产品的装配。

4）智能化。设计是一个含有高度智能的人类创造性活动领域，智能 CAD 是 CAD 发展的必然方向。从人类认识和思维的模型来看，现有的人工智能技术模拟人类的思维活动明显不足。因此，智能 CAD 不仅是简单地将现有的智能技术与 CAD 技术相结合，更重要的是深入研究人类设计的思维模型，最终用信息技术来表达和模拟它，才会产生高效的 CAD 系统，为人工智能领域提供新的理论和方法。CAD 的这个发展趋势，将对信息科学的发展产生深刻的影响。

5）虚拟现实（VR）技术与 CAD 集成。VR 技术在 CAD 中的应用面很广，首先可以进行各类具有沉浸感的可视化模拟，用以验证设计的正确性和可行性。例如用这种模拟技术进行设计分析，可以清楚地看到物体的变形过程和应力分布情况。其次它还可以在设计阶段模拟产品装配过程，检查所用零部件是否合适和正确。在概念设计阶段，它可用于方案优化。特别是利用 VR 技术的交互能力，支持概念设计中的人机工程学，检验操作时是否舒适、方便，这对摩托车、汽车和飞机等的设计作用尤其显著，在协同设计中，利用 VR 技术，设计群体可直接对所设计的产品进行交互。更加逼真地感知到正在和自己交互的群体成员的存在和相互间的活动。

2. 机械 CAD 技术的应用

CAD 技术在近半个世纪的应用实践中，它的重大贡献已被国际科技界和工业界所公认。CAD 技术从根本上改变了传统的手工作业，以及用图样为介质驱动生产全过程的技术管理模式。将真实世界的物体转变成数字化模型，以统一数字化产品模型驱动产品生命全过程，已经广泛应用于机械、电子和建筑等工业领域，使设计、生产快速高效，具有巨大的经济效益和社会效益。

CAD 技术在机械工业中的应用主要体现在以下几个方面：

1）二维绘图。用来代替传统的手工绘图。

2）图形及符号库。将复杂图形分解成许多简单图形及符号，做成图库，以便调用。

3）参数化设计（用于标准化或系列化零部件）。

4）三维实体造型。采用三维实体造型设计零部件结构，经消隐、着色处理后显示物体的真实形状，可做装配及运动仿真，以便观察有无干涉。

5）工程分析。如有限元分析、优化设计、运动学及动力学分析等。

6）设计文档或生成报表。

1.2　机械 CAD 硬件及软件系统

机械 CAD 系统由硬件、软件和人三大组成部分，硬件是基础，软件是核心，人是关键。

1.2.1　机械 CAD 硬件系统

机械 CAD 系统的硬件主要由计算机主机、外存储器、图形输入设备和图形输出设备等组成，如图 1-1 所示。

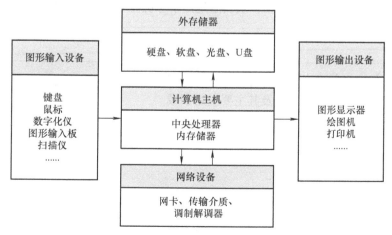

图 1-1　机械 CAD 系统的基本硬件组成

1.2.2 机械 CAD 软件系统

计算机软件是指控制计算机运行，并使计算机发挥最大功效的各种程序、数据及文档的集合。在机械 CAD 系统中，软件配置水平决定着整个机械 CAD 系统的性能优劣。硬件是机械 CAD 系统的物质基础，软件则是机械 CAD 系统的核心。

可以将机械 CAD 系统的软件分为三个层次，即系统软件、支撑软件和应用软件。

1. 系统软件

系统软件是与计算机硬件直接关联的软件，一般由专业的软件开发人员研制，它起着扩充计算机的功能以及合理调度与运用计算机的作用。系统软件有两个特点：一是公用性，无论哪个应用领域都要用到它；二是基础性，各种支撑软件及应用软件都需要在系统软件的支撑下运行。

2. 支撑软件

支撑软件是在系统软件的基础上研制的，它包括进行 CAD 作业时所需的各种通用软件。支撑软件是 CAD 软件系统中的核心，是为满足 CAD 工作中一些用户的共同需要而开发的通用软件。CAD 支撑软件主要包括图形处理软件、工程分析与计算软件、模拟仿真软件、数据库管理系统、计算机网络工程软件和文档制作软件等。

3. 应用软件

应用软件则是在系统软件及支撑软件的支持下，为实现某个应用领域内的特定任务而开发的软件。这类软件通常由用户结合当前设计工作的需要自行研究开发或委托开发商进行开发，此项工作又称为"二次开发"，如模具设计软件、电器设计软件、机械零件设计软件、机床设计软件，以及汽车、船舶和飞机设计制造行业的专用软件均属应用软件。能否充分发挥已有 CAD 系统的功能，应用软件的技术开发工作是很重要的，也是 CAD 从业人员的主要任务之一。

本 章 小 结

本章主要介绍了机械 CAD 技术的基本知识，主要内容有机械 CAD 系统的组成，机械 CAD 技术的应用和发展，以及机械 CAD 的软硬件系统。通过本章的学习，初学者可以了解机械 CAD 技术的重要性及应用范围，从而激发出学习机械 CAD 软件的兴趣。

课 后 练 习

1. 了解机械 CAD 技术在汽车产品开发设计中的应用实例。
2. 了解常用的机械 CAD 软件及其主要应用领域。

第2章

CATIA V5 基础知识

2.1 CATIA V5 简介

CATIA 是法国达索系统公司的大型高端 CAD/CAE/CAM 一体化应用软件，被广泛应用于航空航天、汽车设计制造、造船、机械制造和电子电气等行业。其内容涵盖了产品从概念设计、工业造型设计、三维模型设计、分析计算、动态模拟与仿真、工程图输出，到生产加工成产品的全过程。

2.1.1 CATIA V5 的特点

CATIA V5 功能图如图 2-1 所示。

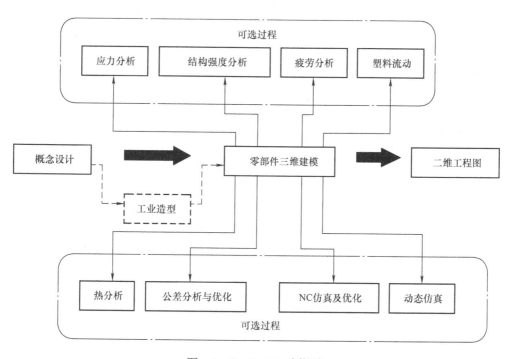

图 2-1　CATIA V5 功能图

CATIA V5 具有广泛公认的性能优势，它把创造性的新技术带到了每一位工程师的手中。这些技术超越了纯粹的参数化系统和那些过时的混合建模系统。同时，CATIA V5 不仅仅是一个三维设计软件，它还是一个企业级的应用平台，其功能涵盖了产品的整个生命周期。

CATIA 系统的主要特点如下：

1）真正的全相关，任何地方的修改都会自动地反映到所有相关的地方。

2）具有真正的管理并发进程、实现并行工程的能力。

3）自上而下的设计过程，能够始终保持设计者的设计意图，真正地支持网络化的协同设计。

4）容易使用，可以极大地提高设计效率。

2.1.2　CATIA V5 的运行

1. 启动 CATIA

一般来说，有两种方法可启动并进入 CATIA V5 软件环境。

（1）**方法一**　双击 Windows 桌面上的 CATIA V5 软件快捷图标 。

说明：只要是正常安装，Windows 桌面上会显示 CATIA V5 软件快捷图标。快捷图标的名称可根据需要进行修改。

（2）**方法二**　从 Windows 系统"开始"菜单进入 CATIA V5，操作方法如下：

Step 1　单击 Windows 桌面左下角的 开始 按钮。

Step 2　选择"所有程序"→ CATIA → CATIA V5 R20 命令，系统便进入 CATIA V5 软件环境。

2. 启动工作模块

通过"Start"菜单启动工作模块，如"Start"→"Mechanical Design"→"Part Design"，即可开始零件的三维建模，也可以通过"File"菜单开始一个新文件，或者打开一个已有的文件，文件的具体类型确定了要进入的模块。

3. 退出 CATIA

从"Start"或"File"下拉菜单选择"Exit"，即可退出 CATIA。

2.2　CATIA V5 常用功能模块

CATIA V5 不仅具有一般 CAD/CAE/CAM 软件的基本功能，它更是一个企业 PLM 应用平台。

CATIA 系统的主要功能如下：

1）绘制二维图形，生成三维实体模型，生成二维工程图，绘图输出。

2）数控分析、仿真，数控加工。

3）虚拟样机仿真、分析及优化。

4）工业设计。

5）知识工程应用。

6）工程分析，如热力学分析、应力分析等。

7）人机工程学分析等。

在 CATIA V5 R20 中共有 13 个模组，分别是基础结构、机械设计、外形、分析与模拟、AEC 工厂、加工、数字化装配、设备与系统、制造的数字化处理、加工模拟、人机工程学设计与分析、知识工程和 ENOVIA V5 VPM，如图 2-2 所示，各个模组中又有一个至几十个不同的工作台。认识 CATIA 中的工作台，可以快速地了解它的主要功能，下面将介绍 CATIA

V5 R20 中的一些主要模组。

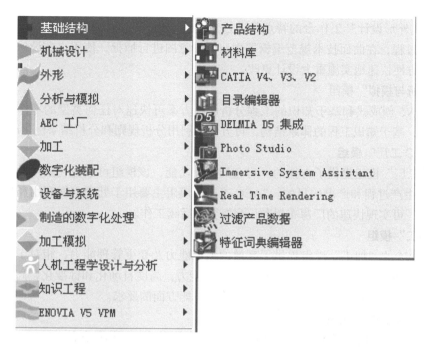

图 2-2　CATIA V5 R20 模组菜单

1. "基础结构"模组

"基础结构"模组主要包括产品结构、材料库、CATIA 不同版本之间的转换、图片制作、实时渲染（Real Time Rendering）等工作台。

2. "机械设计"模组

从概念到细节设计，再到实际生产，CATIA V5 的"机械设计"模组可以加速产品设计的核心活动，还可以通过专用的应用程序来满足钣金与模具制造商的需求，以大幅提升其生产能力并缩短上市时间。

"机械设计"模组提供了机械设计中所需要的绝大多数工作台，包括零部件设计、装配件设计、草图绘制器、工程制图、线框和曲面设计等工作台。本书将主要介绍该模组中的一些工作台。

3. "外形"模组

CATIA 外形设计和风格造型提供给用户有创意、易用的产品设计组合，方便用户进行构建、控制和修改工程曲面和自由曲面，包括了自由曲面造型（FreeStyle）、汽车白车身设计（Automotive BIW Fastening）、创成式外形设计（Generative Shape Design）和快速曲面重建（Quick Surface Reconstruction）等工作台。

"自由曲面造型"工作台提供用户一系列工具，来定义复杂的曲线和曲面。对 NURBS 的支持使曲面的建立和修改以及与其他 CAD 系统的数据交换更加轻而易举。

"汽车白车身设计"工作台对设计类似于汽车内部车体面板和车体加强肋这样复杂的薄板零件提供了新的设计方法。可使设计人员定义并重新使用设计和制造规范，通过 3D 曲线对这些形状的扫掠，便可自动地生成曲面，从而得到高质量的曲面和表面，并避免了重复设计，节省了时间。

"创成式外形设计"工作台的特点是通过对设计方法和技术规范的捕捉和重新使用，从而加速设计过程，在曲面技术规范编辑器中对设计意图进行捕捉，使用户在设计周期中的任何时候都能方便快速地实施重大设计更改。

4. "分析与模拟"模组

CATIA V5 创成式和基于知识的工程分析解决方案可快速对任何类型的零件或装配件进行工程分析，基于知识工程的体系结构，可方便地利用分析规则和分析结果优化产品。

5. "AEC 工厂"模组

"AEC 工厂"模组提供了方便的厂房布局设计功能，该模组可以优化生产设备布置，从而达到优化生产过程和产出的目的。"AEC 工厂"模组主要用于处理空间利用和厂房内物品的布置问题，可实现快速的厂房布置和厂房布置的后续工作。

6. "加工"模组

CATIA V5 的"加工"模组提供了高效的编程能力及变更管理能力，相对于其他现有的数控加工解决方案，其优点有：高效的零件编程能力，高度自动化和标准化，高效的变更管理，优化刀具路径并缩短加工时间，减少管理和技能方面的要求。

7. "数字化装配"模组

"数字化装配"模组提供了机构的空间模拟、机构运动和结构优化的功能。

8. "设备与系统"模组

"设备与系统"模组可在 3D 电子样机配置中模拟复杂电气、液压传动和机械系统的协同设计和集成，优化空间布局。CATIA V5 的工厂产品模块可以优化生产设备布置，从而达到优化生产过程和产出的目的，它包括了电气系统设计、管路设计等工作台。

9. "人机工程学设计与分析"模组

"人机工程学设计与分析"模组使工作人员与其操作使用的作业工具安全而有效地加以结合，使作业环境更适合工作人员，从而在设计和使用安排上统筹考虑。"人机工程学设计与分析"模组提供了人体模型构造（Human Measurements Editor）、人体姿态分析（Human Posture Analysis）、人体行为分析（Human Activity Analysis）等工作台。

10. "知识工程"模组

"知识工程"模组可以将隐式的设计实践转化为嵌入整个设计过程的显示知识。用户通过定义特征、公式、规则和检查，如制造周期中的特征包括成本、表面抛光或进给率，从而在早期的设计阶段就考虑到这些因素的影响。

注意：以上有关 CATIA V5 功能模块的介绍仅供参考，如有变动应以法国达索系统公司的最新相关正式资料为准，特此说明。

2.3 CATIA V5 工作界面

CATIA V5 有一个非常友好的用户界面，与 Windows 风格一致，工作界面包括模型树、下拉菜单区、指南针、右工具栏按钮区、下部工具栏按钮区、功能输入区、消息区以及图形区，如图 2-3 所示。

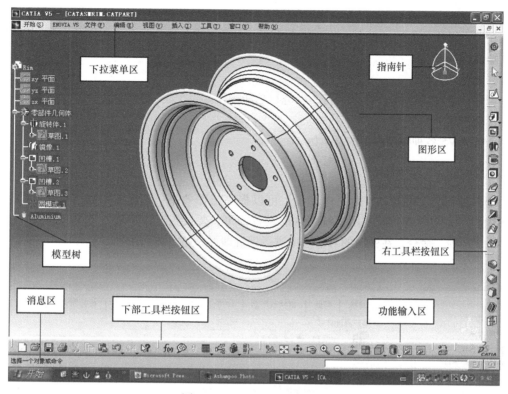

图 2-3　CATIA V5 用户界面

2.3.1　CATIA V5 用户界面简介

1. 模型树

"模型树"中列出了活动文件中的所有零件及特征，并以树的形式显示模型结构。根对象（活动零件或组件）显示在模型树的顶部，其从属对象（零件或特征）位于根对象之下。例如，在活动装配文件中，"模型树"列表的顶部是装配体，装配体下方是每个零件的名称；在活动零件文件中，"模型树"列表的顶部是零件，零件下方是每个特征的名称。若打开多个 CATIA V5 模型，则"模型树"只反映活动模型的内容（初学者经常不小心将界面切换成结构树激活状态，即结构树高亮状态，模型灰色状态，〈Shift + F3〉组合键可以切换结构树/图形区域的激活状态，〈F3〉键可以隐藏目录树）。

2. 下拉菜单区

下拉菜单中包含创建、保存、修改模型和设置 CATIA V5 环境参数的命令。

3. 工具栏按钮区

工具栏中的命令按钮为快速开始命令及设置工作环境提供了极大的方便，用户可以根据具体情况自定义工具栏。

注意：用户会看到有些菜单命令和按钮处于非激活状态（呈灰色，即暗色），这是因为它们目前还没有处在发挥功能的环境，一旦它们进入有关的环境，便会自动激活。

4. 指南针

指南针代表当前的工作坐标系，当物体旋转时指南针也随着物体旋转。

5. 消息区

在用户操作软件的过程中，消息区会实时地显示与当前操作相关的提示信息等，以引导用户操作。

6. 功能输入区

可从键盘输入 CATIA 命令字符，以进行功能操作。

7. 图形区

CATIA V5 各种模型图形的显示区。

2.3.2 CATIA V5 操作环境

合理地设置 CATIA V5 的工作环境，可以提高工作效率，享受 CATIA V5 带来的个性化环境。作为初学者一般使用系统默认的设置即可。要设置工作环境，选择菜单栏中"工具"→"选项"命令，在弹出的对话框中进行设置即可，如图 2-4 所示。

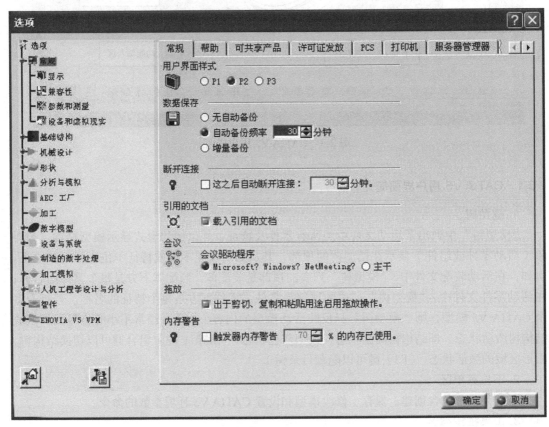

图 2-4 "选项"对话框

1. 选项的设置

选择"工具"→"选项"命令，系统弹出"选项"对话框，利用该对话框可以设置草图绘制器、显示、工程制图的参数。

在该对话框的左侧选择"机械设计"→"草图绘制器"，如图 2-5 所示，此时可以设置草图绘制器的相关参数。

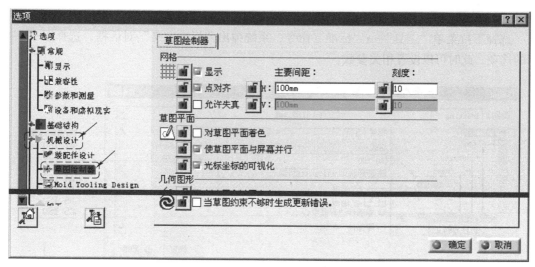

图 2-5　"选项"对话框（草图绘制器）

在"选项"对话框的左侧选择"显示"，再选择"可视化"选项卡，如图 2-6 所示，此时可以设置颜色及其他相关的一些参数。

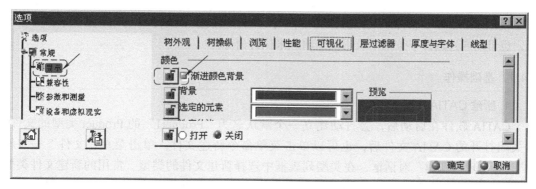

图 2-6　"选项"对话框（管理方式）

单击"选项"对话框中的■按钮，可以将该设置锁定，使其在普通方式下不能被改变，如图 2-7 所示。

图 2-7　"选项"对话框（普通方式）

2. 标准的设置

选择下拉菜单"工具"→"标准"命令，系统弹出"标准定义"对话框，选择图 2-8 所示的选项，此时可以设置相关参数。

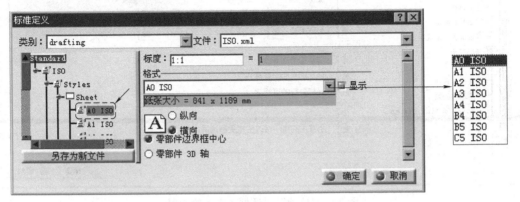

图 2-8 "标准定义"对话框

2.4 CATIA V5 基本操作

使用 CATIA V5 软件以鼠标操作为主，用键盘输入数值。执行命令时主要是单击工具图标，也可以通过选择下拉菜单或用键盘输入来执行命令。

2.4.1 基础操作

1. 新建 CATIA 文件

CATIA 软件在启动后，会自动建立一个默认名为"Product1"的 Product 类型的文件。在关闭打开的 CATIA 文件后，也可以单击菜单命令新建文件。单击菜单"文件"→"新建"，将出现"新建"对话框，在类型列表框中选择新建文件的类型。常用的新建文件类型是"Part"（新建零件）和"Product"（新建部件）。如果新建类型选择为"Part"，单击"确定"按钮后，则 CATIA 则会创建一个默认名为"Part1"的零件文件；如果新建文件类型选择为"Product"，则会创建一个默认名为"Product1"的装配体文件。

2. 打开已有的文件

单击图标或选择菜单"文件"→"打开"，将弹出"选择文件"对话框，选择一个已有的文件，如选择"Drawing1.CATDrawing"，单击"确定"按钮，即可打开该文件，并且进入二维作图模块。

3. 保存文件

（1）保存已命名的文件　单击图标或选择菜单"文件"→"保存"即可。

（2）以另外的名字保存文件　选择菜单"文件"→"另存为"，在随后弹出的"另存为"对话框内输入文件名即可。

（3）保存未命名的新文件　单击图标或选择菜单"文件"→"保存"，在随后弹出的"保存"对话框内输入文件名即可。

2.4.2　鼠标及快捷键的用法

CATIA 推荐用三键或带滚轮的双键鼠标，各键的功能如下：

1. 左键

确定位置，选取图形对象、菜单或图标。

2. 右键

单击右键，弹出上下文相关菜单。

3. 中键或滚轮

1）按住中键或滚轮，移动鼠标，拖动图形对象的显示位置。

2）按住中键或滚轮，单击左键，向外移动鼠标，放大图形对象的显示比例，向内移动鼠标，缩小图形对象的显示比例。

3）同时按住中键或滚轮和左键，移动鼠标，改变对图形对象的观察方向。

以上操作可以改变图形对象的位置、大小和旋转一定角度，但只是改变了用户的观察位置和方向，图形对象的位置并没有改变。

2.4.3　指南针操作

指南针是由与坐标轴平行的直线和三个圆弧组成的，其中 x 和 y 轴方向各有两条直线，z 轴方向只有一条直线。这些直线和圆弧组成平面，分别与相应的坐标平面平行，如图 2-9 所示。

1. 视点操作

视点操作是指使用鼠标对指南针进行简单的拖动，从而实现对图形区的模型进行平移或者旋转操作。

将鼠标移至指南针处，鼠标指针由 � 变为 🖐，并且鼠标所经过之处，坐标轴、坐标平面的弧形边缘以及平面本身皆会以亮色显示。

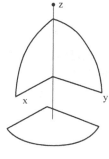

单击指南针上的轴线（此时鼠标指针变为 ✋）并按住鼠标拖动，图形区中的模型会沿着该轴线移动，但指南针本身并不会移动。

图 2-9　指南针

单击指南针上的平面并按住鼠标移动，则图形区中的模型和空间也会在此平面内移动，但是指南针本身不会移动。

单击指南针平面上的弧线并按住鼠标移动，图形区中的模型会绕其法线旋转，同时，指南针本身也会旋转，而且鼠标离红色方块儿越近旋转越快。

单击指南针上的自由旋转柄并按住鼠标移动，指南针会以红色方块为中心点自由旋转，且图形区中的模型和空间也会随之旋转。

单击指南针上的 x、y 或 z 字母，则模型在图形区以垂直于该轴的方向显示，再次单击该字母，视点方向会变为反向。

2. 模型操作

使用鼠标和指南针不仅可以对视点进行操作，而且可以把指南针拖动到零件上，对零件进行移动、旋转操作，这种移动或旋转零件的方法多用于装配工作台中。

将鼠标移至指南针操纵柄处（此时鼠标指针变为✛），然后拖动指南针至模型上释放，此时指南针会附着在模型上，且字母 x、y、z 变为 w、u、v，这表示坐标轴不再与文件窗口右下角的绝对坐标相一致。这时，就可以按上面介绍的对视点的操作方法对零件进行移动或旋转操作了。

2.4.4 模型树的操作

1. 显示或隐藏模型树

通过功能键〈F3〉可以显示或隐藏模型树。

2. 移动模型树

将光标指向模型树节点的连线，按住鼠标左键，即可拖动模型树到指定位置。

3. 缩放模型树

将光标指向模型树节点的连线，按住〈Ctrl〉键和鼠标左键，模型树将随着鼠标的移动而改变大小。

4. 只显示形体的第一层节点

选择菜单"视图"→"树展开"→"展开第一层"，将只显示形体的第一层节点。

2.4.5 选择操作

CATIA 提供了"Select"工具栏所示的五种选择方法。

1. 单点选择

单击该图标，用光标指向要选择的对象或模型树的节点，光标改变为手的形状，待选择的对象呈红色显示，单击鼠标左键即可。

2. 在矩形窗口内选择

单击该图标，将光标移至合适的位置，按住鼠标左键，移动光标至另一位置，松开鼠标左键，这两个位置形成一个矩形窗口，整体在矩形窗口内的对象呈红色显示。它们即为选到的对象。

3. 与矩形窗口相交

选择过程同 2，除了整体在矩形窗口内的对象被选中外，与矩形窗口接触的对象也被选中。

4. 在多边形窗口内选择

整体在多边形窗口内的对象被选中。多边形是用鼠标左键拾取的点确定的，双击鼠标左键，确定多边形的最后一个点。

5. 与波浪线相交

按住鼠标左键，移动光标绘制波浪线，松开鼠标左键，与波浪线相交的对象呈红色显示，它们即为选到的对象。按住〈Ctrl〉键，可连续多次选择。

2.4.6 帮助的使用

1. 简单地了解指定图标的功能

单击该图标或按〈Shift + F1〉组合键，光标的形状显示为，将其移至待了解的图标，单击鼠标左键，即可简单地了解指定图标的功能。

2. 浏览 CATIA 的所有功能

选择菜单"帮助"→"CATIA V5 帮助"或按〈F1〉键,将显示 IE 浏览器,通过该浏览器,详细地了解 CATIA 的每个模块、工具栏、图标的功能和使用方法。

2.4.7　角色的自定义及首选项设置

进入 CATIA V5 系统后,在建模环境下选择下拉菜单"工具"→"自定义"命令,系统弹出图 2-10 所示的"自定义"对话框,利用此对话框可对工作界面进行自定义。

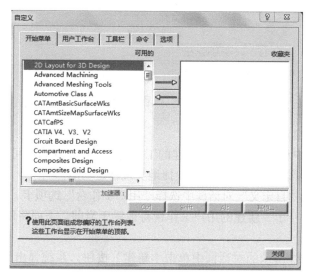

图 2-10　"自定义"对话框

1. "开始"菜单的自定义

在图 2-10 所示的"自定义"对话框中单击"开始菜单"选项卡,即可进行"开始"菜单的自定义。通过此选项卡,用户可以设置偏好的工作台列表,使之显示在"开始"菜单的顶部。下面以图 2-11 所示的"2D Layout for 3D Design"工作台为例说明自定义过程。

Step 1　在"开始菜单"选项卡的"可用的"列表框中,选择"2D Layout for 3D De-
sign"工作台,然后单击对话框中的 ![按钮] 按钮,此时"2D Layout for 3D Design"工作台出现在对话框右侧的"收藏夹"中。

Step 2　单击对话框中的"关闭"按钮,完成"开始"菜单的自定义。

Step 3　选择下拉菜单"开始"命令,此时可以看到"2D Layout for 3D Design"工作台显示在"开始"菜单的顶部。

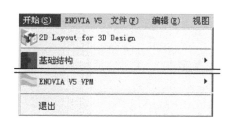

图 2-11　"开始"菜单

说明:在 Step1 中,添加"2D Layout for 3D Design"工作台到收藏夹后,对话框中的"加速器"文本框即被激活,如图 2-12 所示,此时用户可以通过设置快捷键来实现工作台的切换,如设置快捷键为〈Ctrl + Shift〉,则用户在其他工作台操作时,只需使用这个快捷键即可回到"2D Layout for 3D Design"工作台。

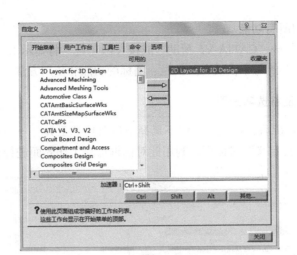

图 2-12　设置快捷键

2. 用户工作台的自定义

用户工作台是用户根据自身的需要创建的工作台，在此工作台中可进行相关工具栏的自定义，工作台的创建可以帮助用户方便、快捷地实现特定功能。

在图 2-10 所示的"自定义"对话框中选择"用户工作台"选项卡，即可进行用户工作台的自定义，如图 2-13 所示，新建的用户工作台将被置于当前。下面将以新建"我的工作台"为例说明自定义过程。

Step 1　在图 2-13 所示的对话框中单击"新建"按钮，系统弹出图 2-14 所示的"新用户工作台"对话框。

Step 2　在对话框的"工作台名称"文本框中输入名称"新工作台 001"，单击对话框中的"确定"按钮，此时新建的工作台出现在"用户工作台"区域中。

Step 3　单击对话框中的"关闭"按钮，完成用户工作台的自定义。

Step 4　选择"开始"下拉菜单，此时"新工作台 001"将显示在"开始"菜单中，如图 2-15 所示。

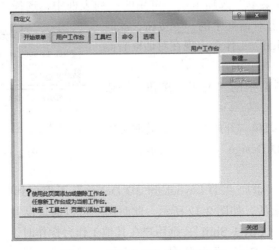

图 2-13　"用户工作台"选项卡

图 2-14　"新用户工作台"对话框

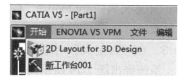

图 2-15　"开始"菜单

3. 工具栏的自定义

工具栏是一组可实现同类型功能命令按钮的集合，通过工具栏的自定义既可实现现有工具栏的删除、恢复操作，也可对新建的工具栏进行编辑，使之包含所需的命令按钮。

在图 2-10 所示的"自定义"对话框中选择"工具栏"选项卡，即可进行工具栏的自定义，如图 2-16 所示。下面将以新建"my toolbar"工具栏为例说明自定义过程。

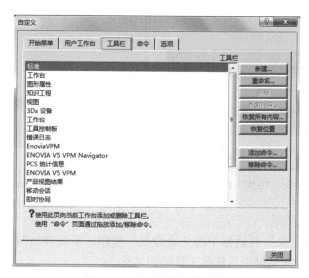

图 2-16　"工具栏"选项卡

Step 1　在图 2-16 所示的对话框中单击"新建"按钮，系统弹出图 2-17 所示的"新工具栏"对话框，新建工具栏默认被命名为"新工具栏 001"。

Step 2　在对话框的"工具栏名称"文本框中输入名称"my toolbar"，单击对话框中的"确定"按钮，此时，新建的空白工具栏将出现在主应用程序窗口的右端，同时自定义的"my toolbar"（我的工具栏）被加入列表框中，如图 2-18 所示。

图 2-17　"新工具栏"对话框

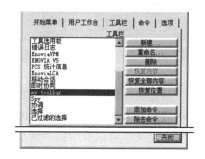

图 2-18　"自定义"对话框

注意： 自定义的"my toolbar"（我的工具栏）加入列表后，"自定义"对话框中的"删除"按钮被激活，此时可以执行工具栏的删除操作。

Step 3 在"自定义"对话框中选中"my toolbar"工具栏，单击对话框中的"添加命令"按钮，系统弹出图 2-19 所示的"命令列表"对话框 1。

Step 4 在对话框的列表项中，按住〈Ctrl〉键，选择"虚拟现实"按钮定制、"虚拟现实"飞行和"虚拟现实"光标三个选项，然后单击对话框中的"确定"按钮，完成命令的添加，此时"my toolbar"工具栏如图 2-20 所示。

图 2-19　"命令列表"对话框 1

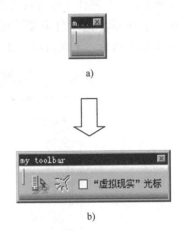

图 2-20　"my toolbar"工具栏

a）添加命令前　b）添加命令后

说明： 单击"自定义"对话框中的"重命名"按钮，系统弹出图 2-21 所示的"重命名工具栏"对话框，在此对话框中可修改工具栏的名称。

单击"自定义"对话框中的"除去命令"按钮，系统弹出图 2-22 所示的"命令列表"对话框 2，在此对话框中可进行命令的删除操作。

图 2-21　"重命名工具栏"对话框

图 2-22　"命令列表"对话框 2

单击"自定义"对话框中的"恢复全部内容"按钮，系统弹出图 2-23 所示的"恢复所有工具栏"对话框，单击对话框中的"确定"按钮，可以恢复所有工具栏的内容。

单击"自定义"对话框中的"恢复位置"按钮，系统弹出图 2-24 所示的"恢复所有工具栏"对话框，单击对话框中的"确定"按钮，可以恢复所有工具栏的位置。

图 2-23　"恢复所有工具栏"对话框 1　　　　　图 2-24　"恢复所有工具栏"对话框 2

4. 命令自定义

命令的自定义实际上就是命令的拖放操作，一般都在工具栏中进行，其作用是帮助用户快速使用命令，节省命令操作的时间。

在图 2-10 所示的"自定义"对话框中选择"命令"选项卡，即可进行命令的自定义，如图 2-25 所示。下面将以拖放"目录"命令到"标准"工具栏为例说明自定义的过程。

Step 1　在图 2-25 所示对话框的"类别"列表框中选择"文件"选项，此时在对话框右侧的"命令"列表框中出现对应的文件命令。

Step 2　在文件命令列表框中选中"目录"命令，按住鼠标左键不放，将此命令拖动到"标准"工具栏，此时"标准"工具栏如图 2-26 所示。

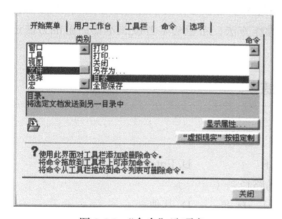

图 2-25　"命令"选项卡

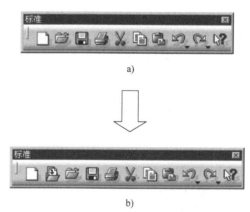

图 2-26　"标准"工具栏
a）拖放前　b）拖放后

说明：单击图 2-25 所示对话框中的"显示属性"按钮，可以展开对话框的隐藏部分（图2-27），在对话框的命令属性区域，可以更改所选命令的属性，如名称、图标和命令的快捷方式等。命令属性区域中各按钮说明如下：

... 按钮：单击此按钮，系统将弹出"图标浏览器"对话框，从中可以选择新图标，以替换原有的"目录"图标。

按钮：单击此按钮，系统将弹出"文件选择"对话框，用户可导入外部文件作为"目录"图标。

重置... 按钮：单击此按钮，系统将弹出图 2-28 所示的"重置"对话框，单击对话框中的"确定"按钮，可将命令属性恢复原来的状态。

图 2-27 "自定义"对话框的隐藏部分　　　　图 2-28 "重置"对话框

5. 自定义

在图 2-10 所示的"自定义"对话框中选择"选项"选项卡，即可进行选项的自定义。通过此选项卡，可以更改图标大小、图标比率、工具提示和用户界面语言等。

注意： 在此选项卡中，除"锁定工具栏位置"复选框外，更改其余选项均需重新启动软件，才能使更改生效。

本 章 小 结

本章主要介绍了 CATIA V5 的基本知识，通过本章的学习，初学者可以了解 CATIA 软件的基本操作和设置。本章的重点和难点为基本操作方法，希望初学者按照本章讲解的方法进行实例练习，为软件的后续学习奠定基础。

课 后 练 习

一、选择题

1. 模型树的显示与隐藏操作的快捷键是（　　　）。

A.F1　　　　　　B. F3　　　　　　C. Shift　　　　　　D. Enter

2. 若要更改软件默认工作环境，操作的正确路径是（　　　）。

A. 工具→选项　　B. 工具→自定义　　C. 工具→标准　　D. 其他

3. 零件图形变暗（低亮状态），无法进行图形操作，原因是（　　　）。

A. 操作错误　　　　　　　　　　B. 按了〈F3〉功能键

C. 点到了模型树上白色的分支线　　D. 点到了绝对坐标系

4. 如何用鼠标上下移动可以实现模型的缩放（　　　）。

A. 按住中键 + 单击右键　　　　　　B. 按住中键 + 按住右键

C. 按住左键　　　　　　　　　　　D. 按住中键

5. 按住鼠标中键，移动鼠标，改变了图形对象的（　　　）。

A. 实际位置　　　B. 显示位置　　　C. 实际大小　　　D. 显示比例

6. （　　　）操作是通过指南针无法实现的。

A. 绕系统坐标系 z 轴旋转模型　　　　B. 沿 x 轴方向精确移动模型

C. 在零件装配中移动零部件　　　　　D. 修改特征的颜色属性

二、简答题

1. CATIA V5 软件有哪些主要模块？各有哪些功能？

2. CATIA V5 软件中鼠标有哪些操作？试举例说明。

3. CATIA V5 软件中指南针有哪些操作？试举例说明。

4. 简述创建新工具栏的步骤。

5. 什么是模型树？如何放大或缩小模型树中的字体？

第 3 章

二维草图设计

三维模型是由一些特征构成的，像长方体、圆柱体这样简单的形体只需一个特征，复杂的形体需要多个特征，草图设计的目的就是创建生成特征的轮廓线。

3.1 草图简介

草图绘制器实际上是一组工具，可以使用户快速地完成 2D 几何图形的绘制。绘制好的 2D 图形可用来生成 3D 实体模型或曲面。

3.1.1 进入与退出草图设计工作台

1. 从菜单栏启动

选择菜单栏"开始"→"机械设计"→"草图绘制器"命令，然后选择一个坐标平面或设计元素表面，即可进入草图绘制环境。

2. 利用工具按钮启动

在任意工作环境中，单击草图绘制器按钮 ⬚，然后选择一个坐标平面或设计元素表面，即可进入草图绘制环境。

单击草图定位按钮 ⬚，在对话框中定义草图平面位置与方向，也可进入草图绘制环境。

3. 草图绘制器的退出

草图绘制完成后，单击退出草图绘制器按钮 ⬚，即可退出草图绘制环境，并返回其他相应的工作环境中。

3.1.2 草图绘制器的常用工具栏

要绘制草图，应首先从草图设计工作台中的工具栏区域中选择一个绘图命令，然后在图形显示区域选取点，开始草图创建，再进行编辑。常用的工具栏如图 3-1 所示。

1. "轮廓"工具栏

"轮廓"工具栏提供了各种几何图形的绘制工具，如图 3-2 所示。

2. "操作"工具栏

"操作"工具栏提供了对绘制几何元素进行编辑的多种工具，如图 3-3 所示。

3. "约束"工具栏

"约束"工具栏提供了多种工具，可设置几何元素间的几何约束及几何元素的尺寸约束，如图 3-4 所示。

4. "草图工具"工具栏

"草图工具"工具栏提供了几种辅助工具，如网格、点对齐、构造 / 标准元素、几何约束、尺寸约束，如图 3-5 所示。

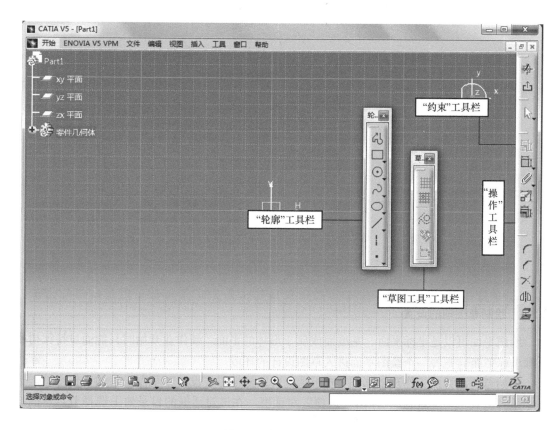

图 3-1 常用的工具栏

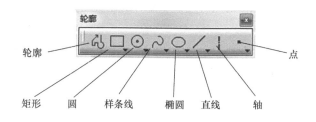

图 3-2 "轮廓"工具栏

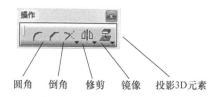

图 3-3 "操作"工具栏

图 3-4 "约束"工具栏

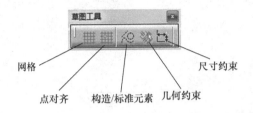

图 3-5 "草图工具"工具栏

3.1.3 绘制草图前的设置

绘图平面可以是坐标平面、基准面或属于形体的平面。新作业开始时只能通过特征树或三维坐标平面 ⊞ 选择一个绘图平面进入草图设计的环境。

初始草图设计的工作环境如图 3-6 所示，可以根据需要设置新草图设计的工作环境。选择菜单"工具"→"选项"，弹出"选项"对话框。在该对话框的目录树上选择节点草图编辑器，显示了图 3-7 所示的草图编辑器选项卡。

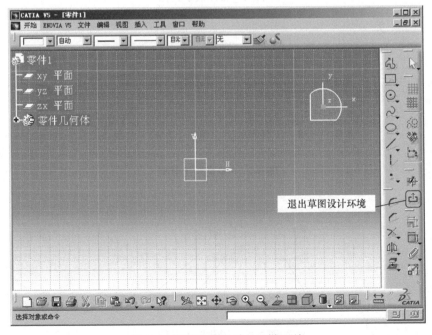

图 3-6 初始草图设计的工作环境

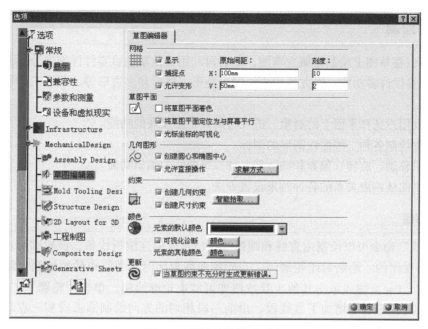

图 3-7　草图编辑器选项卡

该选项卡中一些复选框的功能如下：

① 显示：切换网格的显示状态。

② 捕捉点：切换网格约束的开 / 关状态。

③ 允许变形：可以设置水平和垂直方向不同的网格间距。通过原始间距编辑框设置的网格用细线表示。通过刻度编辑框设置的刻度用点线表示。原始间距和刻度的关系如图 3-8 所示。如果按照图 3-7 的设置，作图区将布满图 3-8 所示的网格。若选中捕捉点复选框，则光标只能停留在网格的其中一个格点上。

④ 光标坐标的可视化：若关闭该复选框，则不显示光标指定点时的坐标，如图 3-8 所示的 50 和 25。

⑤ 创建圆心和椭圆中心：若关闭该复选框，则创建圆和椭圆时，不包括圆和椭圆的中心点。

⑥ 允许直接操作：若关闭该复选框，则不能直接用光标拖动图形对象。

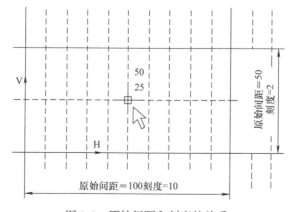

图 3-8　原始间距和刻度的关系

3.2 草图绘制

用户可以在草图上绘制出概念草图，然后再利用其他功能将零件详细部分绘制出。草图工作平面上提供许多功能，以方便用户绘制出矩形、圆形和多边形等。草图工作平面分为以下四类：

1）提供用户选择平面上的对象、进入与离开草图模块的功能。

2）提供绘制各种二维曲线图形的图标。

3）提供移动、旋转、偏置和缩放等各种二维曲线的编辑功能。

4）提供曲线约束关系的各种约束设置方法。

3.2.1 轮廓线

"轮廓线"命令可以绘制由直线和圆弧等线段组成的连续折线条，该轮廓可以是封闭的也可以是非封闭的。绘制封闭轮廓时，当轮廓曲线封闭时，即结束轮廓绘制。绘制非封闭轮廓时，按〈Esc〉键或单击其他工具按钮即可结束轮廓绘制。单击"轮廓"工具 ，"草图工具"工具栏的右端增加了直线段、沿前一段相切的方向绘制圆弧段和三点绘制圆弧段三个图标。当前线段的种类橙色显示。如图 3-9 所示，图标的右方是起点的"H"和"V"文本编辑框。

图 3-9 "草图工具"工具栏

1. 确定轮廓线的起点

移动鼠标，在"草图工具"工具栏显示了光标的当前位置，单击鼠标左键，即输入了该轮廓线的起点，也可通过工具栏的"H"和"V"文本编辑框键入起点的坐标。"草图工具"工具栏也随之改变为绘制直线段的状态。

2. 确定轮廓线直线段的端点或绘制圆弧段

此时除了可以用光标或 x、y 的坐标方式确定直线段的端点外，还可通过工具栏的"长度"和"角度"编辑框键入直线段的长度和角度确定直线段的端点。

每段线开始都是绘制直线状态，如果单击图标 ⌒ 或 ↻ 将改变为绘制圆弧段。"草图工具"工具栏也随之改变为绘制圆弧段的状态。单击图标 ↻，将绘制由三个点确定的圆弧，因此还需要输入两个点，在"草图工具"工具栏上依次出现"第二点"和"终点"的提示；单击图标 ⌒，绘制的圆弧与前一段直线或圆弧相切，因此只需要输入一个点。

如果在绘制圆弧时改变为绘制直线，可单击图标 ╱。

如果按下鼠标左键从轮廓线的最后一点拖动一个矩形，将得到一个圆弧，该圆弧与前一段线相切，端点在矩形的对角点上。

绘制轮廓线的段数没有限制，若再次单击图标 凸 或者双击鼠标左键，将结束绘制轮廓线；若首尾两点重合，将自动结束绘制轮廓线。

3.2.2　预定义的轮廓

通过"轮廓"工具栏上的"预定义的轮廓"工具条，可以绘制出各种封闭的预设草图轮廓。单击"预定义的轮廓"工具的下拉箭头，即可展开全部的"预定义的轮廓"工具，如图3-10所示。

图 3-10　"预定义的轮廓"工具条

1. "矩形"工具

"矩形"工具用于绘制平行于坐标轴的矩形。单击图标 □，提示区出现选择或单击第一点创建矩形的提示，"草图工具"工具栏扩展为图3-11所示的状态。

图 3-11　确定矩形第一个角点时的"草图工具"工具栏

（1）两对角点确定矩形　输入一个点之后，"草图工具"工具栏也随之改变为图3-12所示的确定矩形第二个角点的状态。再输入一个不在同一水平或垂直线上的点，即可得到该矩形，如图3-13所示。

图 3-12　确定矩形第二个角点的"草图工具"工具栏

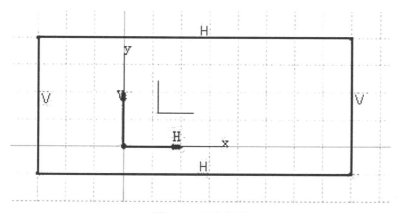

图 3-13　两点矩形

（2）一个点、矩形的宽度和高度确定矩形　输入一个点之后，在图3-12所示工具栏的宽度和高度文本框分别键入矩形的宽度和高度，即可得到该矩形。宽度和高度的数值可以是负数，表示沿坐标轴的反方向。

2."斜置的矩形"工具

"斜置的矩形"工具用于绘制任意方向的矩形。单击该图标◇，提示区出现选择一个点或单击以定位起点的提示，"草图工具"工具栏扩展为图 3-14 所示的状态。

图 3-14　确定任意方向的矩形的第一个角点的"草图工具"工具栏

单击任意一个点的位置，"草图工具"工具栏显示为图 3-15 所示的状态。

图 3-15　确定任意矩形参数时的"草图工具"工具栏

（1）**三点确定任意方向的矩形**　已输入的第一角点确定了矩形的位置，第二角点与第一角点确定了矩形的一条边，第三角点确定了整个矩形。

（2）**第一角点、第二角点和高度确定任意方向的矩形**　已输入的第一角点 .P1 确定了矩形的位置，第二角点与第一角点确定了矩形的一条边，在随后的"草图工具"工具栏的高度框填写高度，即可确定这个矩形。

（3）**第一角点、宽度、角度和高度确定任意方向的矩形**　已输入的第一角点确定了矩形的位置，如果填写了矩形的宽度 W 和角度 A，还需输入矩形的高度或另一点。

3."平行四边形"工具

"平行四边形"工具用于绘制平行四边形。在草图工作区任意单击两点绘制出平行四边形的一条边，再移动鼠标确定平行四边形另一边的边长和夹角，单击即可绘出所需的平行四边形，如图 3-16 所示。

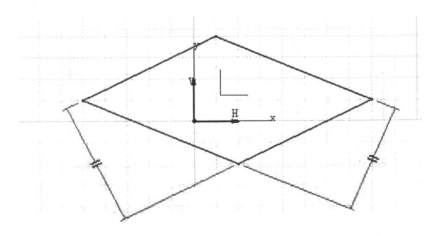

图 3-16　平行四边形

4."延长孔"工具

"延长孔"工具 用于绘制扁孔。在草图工作区任意单击两点确定扁孔的两个圆心，再移动鼠标确定圆弧半径，单击即可绘出所需的扁孔，如图 3-17 所示。

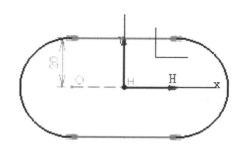

图 3-17　延长孔

5."圆柱形延长孔"工具

"圆柱形延长孔"工具 用于绘制环形扁孔。在草图工作区任意单击一点确定圆环中心，再移动鼠标出现参考元素——圆，单击环形扁孔第一个小圆心，再单击第二个小圆心，移动鼠标到合适的小圆弧半径，单击即可绘出所需的扁孔，如图 3-18 所示。

6."钥匙孔轮廓"工具

"钥匙孔轮廓"工具 用于绘制钥匙孔。在草图工作区任意单击一点确定钥匙孔大圆圆心，再单击一点确定小圆圆心，移动鼠标确定小圆半径后，再移动鼠标确定大圆圆心，单击即可绘出所需的钥匙孔，如图 3-19 所示。

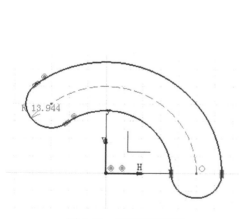

图 3-18　圆柱形延长孔

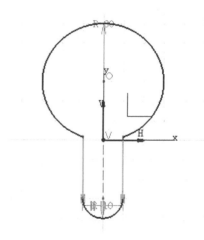

图 3-19　钥匙孔

7."六边形"工具

"六边形"工具 用于绘制六边形。在草图工作区任意单击一点确定六边形中心，再移动鼠标确定六边形的角度和尺寸，单击即可绘出所需的六边形，如图 3-20 所示。

8."居中的矩形"工具

"居中的矩形"工具 也是用于绘制矩形。在草图工作区任意单击一点确定矩形中心，再移动鼠标确定矩形，单击即可绘出所需的矩形，如图 3-21 所示。

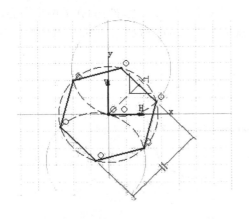

图 3-20 六边形

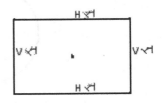

图 3-21 居中的矩形

9. "居中的平行四边形" 工具

"居中的平行四边形" 工具 也是用于绘制平行四边形。先选择两条互相不平行的直线 1 和直线 2，这两条直线的交点即为平行四边形的中心，再移动鼠标确定平行四边形，单击即可绘出所需的矩形，如图 3-22 所示。

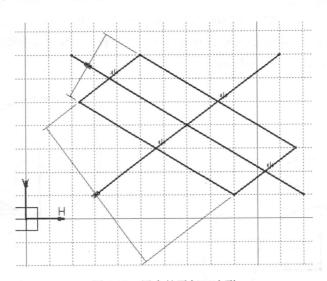

图 3-22 居中的平行四边形

3.2.3 圆

通过 "轮廓" 工具栏上的 "圆圈" 工具 ，可以绘制出各种圆和圆弧草图轮廓。单击 "圆圈" 工具的下拉箭头，即可展开全部的 "圆圈" 工具条 。

1. "圆圈" 工具

"圆圈" 工具 用于绘制圆。在草图工作区任意单击两点即可绘制圆形，第一点确定圆心，第二点确定半径，如图 3-23 所示。

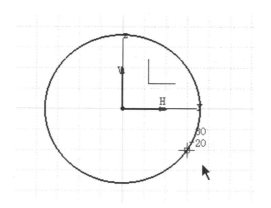

图 3-23　"圆圈"工具绘制的圆

2."三点圆"工具

"三点圆"工具 用于绘制圆。通过在草图工作区任意单击三点即可绘制圆形。

3."使用坐标创建圆"工具

"使用坐标创建圆"工具 用于绘制圆。单击按钮,弹出"圆定义"对话框,如图 3-24 所示。在对话框中直接输入圆心坐标和半径值,即可绘制所需的圆形。坐标系可采用笛卡儿坐标系或极坐标系。

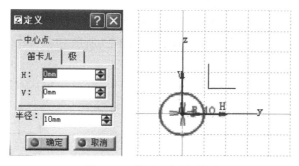

图 3-24　使用坐标绘制圆

4."三切线圆"工具

"三切线圆"工具 用于绘制圆。通过选择三条非平等的直线来创建与它们相切的圆形。单击该图标,选取图 3-25 所示的直线、圆弧和右上角的圆,即可得到与这三个图形对象相切的圆。

5."三点圆弧"工具

"三点圆弧"工具 用于绘制圆弧。通过在草图工作区任意单击三点即可绘制所需的圆弧。第一点为圆弧的起点,第二点为圆弧上的点,第三点为圆弧的端点。

6."起始受限的三点弧"工具

"起始受限的三点弧"工具 用于绘制圆起点和

图 3-25　绘制与三个对象相切的圆

终点确定的圆弧。通过选择圆弧起点、终点及第三点来绘制圆弧。如果通过"草图工具"工具栏输入了半径，还需要指出圆弧在这两点的哪一侧，以便确定所绘制的是优弧还是劣弧。

7."圆弧"工具

"圆弧"工具⊙用于绘制圆弧。首先在草图工作区任意单击一点确定圆弧圆心，再移动鼠标并单击确定圆弧的半径及起点（同时确定半径及起点），最后移动鼠标确定圆弧终点。

3.2.4 样条线

通过"轮廓"工具栏上的"样条"工具，可以绘制出样条曲线轮廓。单击"样条"工具的下拉箭头，即可展开全部的"样条"工具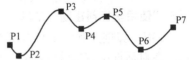。

1."样条"工具

"样条"工具∿用于样条曲线。在草图工作区任意单击样条曲线的各个节点即可绘制出样条曲线，在绘制到终点时要双击结束曲线绘制。

单击该图标，提示区出现选择或单击样条曲线第一控制点的提示，依次输入控制点P1~P7，即可得到图 3-26 所示的样条曲线。

样条曲线的点数没有限制，若再次单击图标或者双击最后一点，结束绘制样条曲线。

2."连接"工具

"连接"工具∿用于任意曲线间的平滑连接。单击"连接"工具按钮，分别选择要连接的两条曲线，即可生成曲线间的平滑连接（相切的连接），当连接曲线曲率方向不合适时，可双击连接曲线，并单击曲线上的相关箭头，更改其曲率方向，如图 3-27 所示。

图 3-26 绘制样条曲线

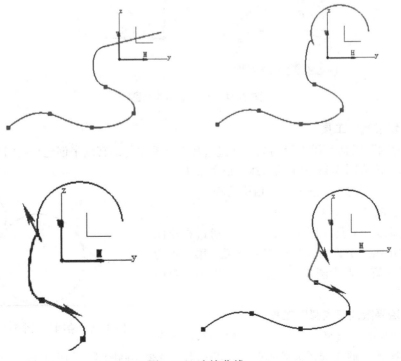

图 3-27 连接曲线

3.2.5 二次曲线

通过"轮廓"工具栏上的"二次曲线"工具⚪，可以绘制出各种二次曲线草图轮廓。单击"二次曲线"工具的下拉箭头，即可展开全部的"二次曲线"工具 ⚪♒⊬⌐ 。

1. "椭圆"工具

"椭圆"工具⚪用于通过两点绘制线段。首先在草图工作区任意单击一点确定椭圆的中心，移动鼠标并单击确定椭圆一边的半径，再移动鼠标确定椭圆另一边的半径，单击即可绘制出椭圆，如图3-28所示。

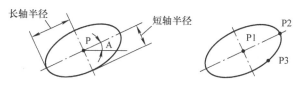

图3-28 绘制椭圆

2. "抛物线"工具

"抛物线"工具⚲用于绘制抛物线。首先在草图工作区任意单击一点A确定抛物线的焦点，再单击一点B确定抛物线的顶点，然后根据提示选择抛物线的起点C和终点D，即可绘出所需的抛物线，如图3-29所示。

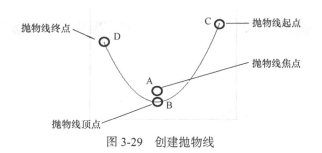

图3-29 创建抛物线

3. "双曲线"工具

"双曲线"工具⚲用于绘制双曲线。首先在草图工作区任意单击一点A确定双曲线的焦点，再单击一点B确定双曲线的定位点（即双曲线两条渐近线的交点），再单击一点C确定双曲线的顶点，然后根据提示选择双曲线的起点D和终点E，即可绘出所需的双曲线，如图3-30所示。

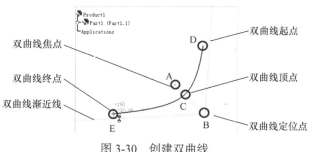

图3-30 创建双曲线

4."二次曲线"工具

单击该图标 ，提示区出现选择点或单击以定位焦点的提示，依次输入二次曲线的第一个端点 P1、第二个端点 P2，曲线上的点 P3、P4 和 P5，即可得到图 3-31 所示的二次曲线。

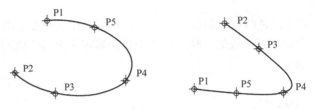

图 3-31　创建二次曲线

3.2.6　直线

通过"轮廓"工具栏上的"直线"工具 ，可以绘制出各种直线草图轮廓。单击"直线"工具的下拉箭头，即可展开全部的"直线"工具 。

1."直线"工具

"直线"工具用于通过两点绘制线段。在草图工作区任意单击两点即可绘制线段。

单击该图标 ，提示区出现选择一个点或单击以定位起点的提示，"草图工具"工具栏显示为图 3-32 所示的状态。

图 3-32　开始绘制直线时的"草图工具"工具栏

（1）起点、长度和角度确定直线　输入直线的起点 P1、长度 L 和角度 A，即可得到图 3-33a 所示的直线。

（2）两点确定直线　输入直线的起点 P1 和终点 P2，得到图 3-33b 所示的直线。

（3）绘制两倍长度的直线　单击图标 ，起点 P1 将作为当前直线的中点，得到两倍长度的直线，如图 3-33c 所示。

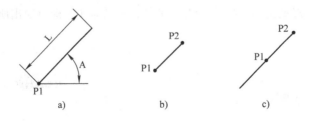

图 3-33　绘制直线段

2."无限长直线"工具

"无限长直线"工具 用于通过两点绘制无限长直线。单击"直线"工具按钮，"草图工具"工具栏将变成如图 3-34 所示，增加了三个按钮，分别是水平直线、垂直直线和任意方向直线，在草图工作区任意单击两点即可绘制直线。

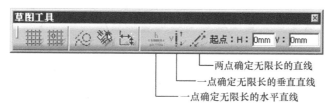

图 3-34 绘制无限长直线的"草图工具"工具栏

（1）两点确定无限长的直线 如果"草图工具"工具栏上的图标已经呈橙色显示，则输入两个点，即可得到通过这两个点的无限长直线，否则，单击该图标之后再输入这两个点。

（2）绘制水平方向的无限长直线 如果"草图工具"工具栏上的图标已经呈橙色显示，则输入一个点，即可得到通过这个点水平方向的无限长直线，否则，单击该图标之后再输入这个点。

（3）绘制铅垂方向的无限长直线 如果"草图工具"工具栏上的图标已经呈橙色显示，则输入一个点，即可得到通过这个点垂直方向的无限长直线，否则，单击该图标之后，再输入这个点。

3."双切线"工具

"双切线"工具用于绘制两个圆、圆弧等曲线的公切线。选择草图工作区中的两条曲线，即可绘制出公切线，如图 3-35 所示。

4."角平分线"工具

"角平分线"工具用于绘制角平分线。选择草图工作区中两个非平行直线，即可绘制出角平分线，如图 3-36 所示。

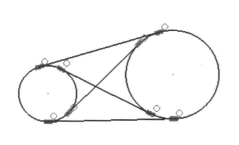

图 3-35 双切线图

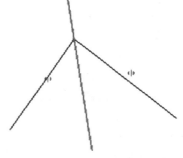

图 3-36 角平分线图

5."法线"工具

"法线"工具用于绘制直线或曲线的法线。单击工具按钮，"草图工具"工具栏将扩展为如图 3-37 所示。单击直线或曲线上的任意一点为法线的第一端点，再单击草图工作区的任意一点以确定法线的第二端点，即可绘制出该直线或曲线的法线，如图 3-38 所示。

图 3-37 绘制法线的"草图工具"工具栏

图 3-38　法线图

3.2.7　轴

通过"轮廓"工具栏上的"轴"工具 ，可以绘制出轴线，如镜像操作的对称轴、作旋转体时的回转轴等。绘制方法与使用"直线"工具绘制直线相同，如图 3-39 所示。

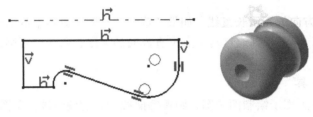

图 3-39　轴的绘制

3.2.8　点

通过"轮廓"工具栏上的"点"工具 ，可以绘制出各种点。绘制方法与使用"直线"工具绘制直线相同。单击"点"工具下的小三角可展开"点"工具栏 。

1."绘制点"工具

"绘制点"工具 用于通过鼠标单击绘制点元素。在想要生成点的位置单击即可绘制一个点。要注意如果"捕获网格点"选项是选中的，则只能在网格点上绘制点。

2."通过坐标创建点"工具

"通过坐标创建点"工具 用于通过给定坐标值来创建点元素。单击该工具按钮，弹出"点定义"对话框，如图 3-40 所示。在对话框中输入点的坐标值，按"确定"按钮，即可创建一个点。可使用笛卡儿坐标系或极坐标系。

图 3-40　通过坐标创建点

3.“等分点”工具

“等分点”工具 用于在基准上绘制等分点。单击该工具按钮，再选择基准元素，如直线、曲线和圆等（也可先选择基准元素，再按该工具按钮），弹出“等分点定义”对话框，如图 3-41 所示。在对话框中设置等分点的个数，按“确定”按钮，即可绘制需要的等分点。

在弹出对话框后，单击曲线上一点，可以以该点为基准作为等间隔点，在参数中可选“点与长度”“点与间隔”和“长度与间隔”。

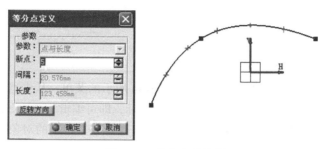

图 3-41　等分点的绘制

4.“交点”工具

“交点”工具 用于两曲线的交点。单击该工具按钮，再选择两相交元素，即可绘制交点，如图 3-42 所示。

直线与曲线相交，或直线的延长线与曲线相交，则这些交点都会被绘制出来。

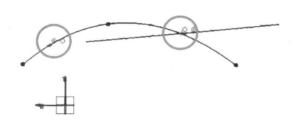

图 3-42　交点的绘制

5.“投影点”工具

“投影点”工具 用于把曲线外的点投射到曲线上来创建曲线上的点。单击该工具按钮，“草图工具”工具栏扩展为 。

先选择投影方式，再选择要投影的点，如果是“直角投影”，则直接选择被投影曲线，即可绘制投影点。如果选择的是“按方向投影”，则先用鼠标单击另外一点确定一个投影方向轴，再选择被投影曲线，即可绘制出投影点。

被投影的点除了用图标 创建的点外，还包括直线的端点、圆和椭圆的圆心、圆弧的圆心和端点、样条曲线的控制点。点可以投射到指定的直线或曲线上。

例如，单击图标 ，首先选取图 3-43 所示的除了水平直线外的所有图形对象，然后指定将这些对象中的点投射到水平直线上，于是在水平直线上创建了 9 个点的投影。

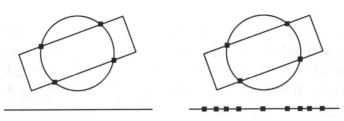

图 3-43　投影点的绘制

3.3　草图编辑

　　选取菜单"插入"→"操作"，即可显示图 3-44 所示的菜单，从中选取编辑或修改图形的菜单项，或者单击图 3-45 所示的操作工具栏的图标，即可编辑所选的图形对象。若删除图形对象可以先选择好这些对象，然后按〈Del〉键，或者右击指定的对象，然后从快捷菜单中选择"删除"即可。

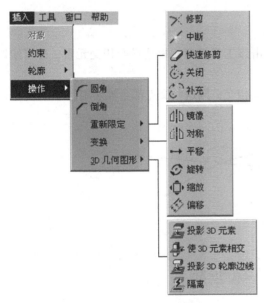

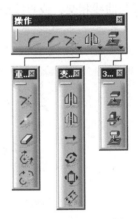

图 3-44　有关图形编辑的菜单　　　　　图 3-45　操作工具栏

3.3.1　倒圆角

　　通过"操作"工具栏上的"倒圆角"工具 ，可对任意相交的曲线倒圆角。单击"倒圆角"工具，"草图工具"工具栏扩展如图 3-46 所示，其中的辅助工具分别为"修剪所有元素""修剪第一个元素""不修剪""标准线修剪""构造线修剪"和"构造线未修剪"。

图 3-46　"草图工具"扩展图

"草图工具"工具栏六个倒圆角的图标对应着不同圆角的样式。例如，直线 L1 是第一个被选对象，依次选择这些图标时，倒圆角的结果如图 3-47 所示。

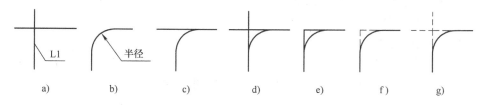

图 3-47　圆角的各种样式

1）修剪所有元素，如图 3-47b 所示。

2）修剪第一个被选对象，如图 3-47c 所示。

3）不修剪被选对象，如图 3-47d 所示。

4）标准线修剪倒圆角，但增加普通线的尖角，如图 3-47e 所示。

5）构造线修剪倒圆角，但增加构造线的尖角，如图 3-47f 所示。

6）构造线未修剪倒圆角，但被减去的部分改变为建构造线，如图 3-47g 所示。

3.3.2　倒角

通过"操作"工具栏上的"倒角"工具，可对任意相交的曲线倒角。单击"倒角"工具，"草图工具"工具栏扩展为如图 3-48 所示，其中的辅助工具同倒圆角时的辅助工具，其操作也相同。

图 3-48　"草图工具"扩展图

1. 确定倒角的方法

通过"草图工具"工具栏的下列图标，可以选择确定倒角大小的方法：

1）新直线的长度及其与第一个被选对象的角度，如图 3-49a 所示。

2）两个被选对象的交点与新直线交点的距离，如图 3-49b 所示。

3）新直线与第一个被选对象的角度以及新直线与第一个被选对象的交点到两个被选对象的交点的距离，如图 3-49c 所示。

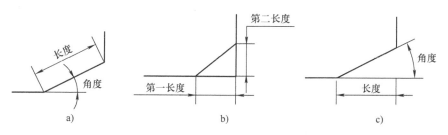

图 3-49　确定倒角的方法

2. 确定倒角的大小

1）输入一个点，将得到通过该点的，用当前方法确定的倒角。

2）在角度、长度等编辑框输入数值。

3）在部分编辑框输入数值，其余由光标以点的方式指定。

3. 确定倒角的样式

"草图工具"工具栏的前六个倒角的图标对应着不同的倒角样式。例如，L1 是第一个被选对象，依次选择这些图标，可以得到图 3-50 所对应的各种结果。

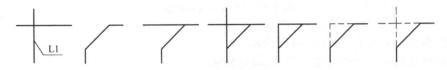

图 3-50　倒角的各种样式

3.3.3　修剪

通过"操作"工具栏上的"修剪"工具 ，可展开"重新设置限制"工具栏，如图 3-51 所示。

1. "修剪"工具

"修剪"工具 用于修剪草图轮廓。单击该按钮，"草图工具"工具栏增加两个辅助工具按钮，分别是"修剪所有元素"和"修剪第一个元素"，如图 3-52 所示。操作方式类似于倒圆角中的相应工具，区别在于它们是根据鼠标的位置决定修剪的部分，如图 3-53 所示。

图 3-51　"重新设置限制"工具栏

图 3-52　开始修剪时的"草图工具"工具栏

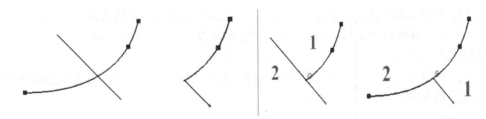

图 3-53　修剪后的草图轮廓

2. "打断"工具

"打断"工具 用于打断草图轮廓。

1）直接打断一条曲线。单击"打断"工具，选择要打断的曲线，在曲线打断点上单击鼠标即可打断该曲线，如图 3-54 所示。

2）利用参考元素打断一条曲线。单击"打断"工具，选择要打断的曲线，再选择参考曲线，则该曲线被参考曲线从两曲线的交点处打断，如图 3-55 所示。

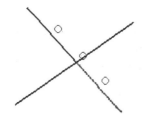

图 3-54　打断一条曲线　　　　　　图 3-55　利用参考元素打断一条曲线

3."快速修剪"工具

"快速修剪"工具 用于对轮廓曲线进行快速修剪。单击该按钮,"草图工具"工具栏增加三个辅助工具按钮,分别是"断开及内擦除""断开及外擦除"和"断开并保留",如图 3-56 所示。单击该工具按钮后,在要修剪或要断开的部分单击鼠标,即可完成相应的快速修剪。三个辅助工具的修剪效果图如图 3-57 所示。

图 3-56　修剪辅助工具

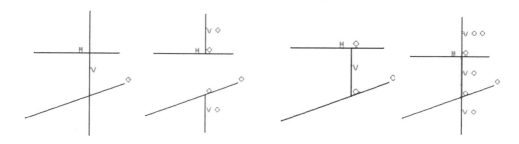

图 3-57　三个辅助工具的修剪效果图

4."关闭"工具

"关闭"工具 用于对轮廓曲线进行封闭操作。单击该按钮,选择圆弧对象后,该圆弧封闭为圆轮廓。

5."补充"工具

"补充"工具 用于对轮廓曲线进行取余操作。单击该按钮,选择圆弧对象后,该圆弧对象变成互补的圆弧,图 3-58a 和 b 是互补的圆弧,图 3-58c 和 d 是互补的椭圆弧。

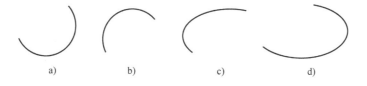

　　a)　　　　　　b)　　　　　　c)　　　　　　d)

图 3-58　互补的圆弧和椭圆弧

3.3.4 变换

通过"操作"工具栏上的"镜像"工具，可展开"转换"工具栏，如图 3-59 所示。

图 3-59 "转换"工具栏

1. "镜像"工具

"镜像"工具用于产生一个轮廓的镜像拷贝。单击该按钮，选择要镜像的曲线，再选择对称轴，即可完成该曲线的镜像拷贝，如图 3-60 所示，左图为原图，选择 Y 轴为对称轴，右图为镜像图。

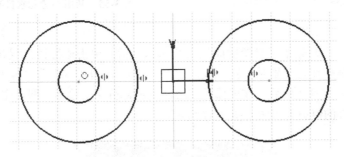

图 3-60 图形的镜像

2. "对称"工具

"对称"工具与"镜像"工具相似，但它仅用于产生一个轮廓的镜像，并不保留原曲线。单击该按钮，选择要对称的曲线，再选择对称轴，即可完成该曲线的对称。

3. "平移"工具

"平移"工具用于产生一个轮廓的平移或平移拷贝。单击该按钮，弹出"平移定义"对话框，在对话框中可选择"复制方式""保持内部约束"和"保持外部约束"。如果选择了"对齐方式"，则平移距离只能按 5 的倍数变化。选择要平移的曲线，在草图工作区中单击一点作为平移的起点，拖动鼠标到合适位置，单击鼠标即可完成曲线的平移，如图 3-61 所示。

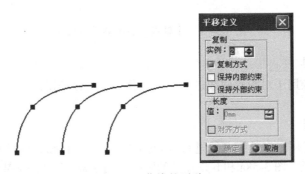

图 3-61 曲线的平移

4. "旋转"工具

"旋转"工具用于产生一个轮廓的旋转或旋转拷贝。单击该按钮，弹出"旋转定义"对话框，在对话框中可选择"复制模式"和"约束守恒"，如图 3-62 所示。选择要旋转的曲线，在草图工作区中单击一点作为旋转中心点，如图 3-63 所示，再在另一点单击鼠标确定旋转的角度定义线，拖动鼠标到合适角度单击即可完成曲线的平移，如图 3-64 所示。

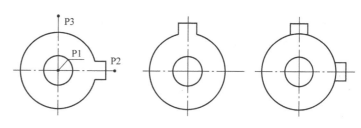

图 3-62　"旋转定义"对话框　　图 3-63　单击旋转中心点　　　　图 3-64　图形的旋转

5. "比例" 工具

"比例"工具 用于产生一个轮廓的比例缩放或比例缩放拷贝。单击该按钮，弹出"缩放定义"对话框，在对话框中可选择"复制模式"和"约束守恒"，如图 3-65 所示。选择要旋转的曲线，在草图工作区中单击一点作为缩放中心点，拖动鼠标到合适比例，单击即可完成曲线的缩放，或在"值"输入框中直接输入比例值，按"确定"按钮，如图 3-66 所示。

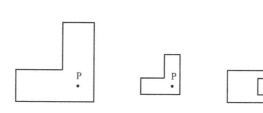

图 3-65　"缩放定义"对话框　　　　　　　　图 3-66　比例缩放图形

6. "偏移" 工具

"偏移"工具 用于产生一个轮廓的偏移，轮廓线可以是简单的一段直线或圆弧，也可以是多段直线、二次曲线、样条曲线等组成的复杂曲线。单击该按钮，"草图工具"扩展为如图 3-67 所示。出现四个辅助工具按钮，分别为："无拓展"表示仅偏移选中的曲线；"相切拓展"表示偏移选中的曲线及与其相切的曲线；"点拓展"表示偏移选中的及所有与其相连的曲线；"双面拓展"表示偏移选中的及所有与其相连的曲线，并双向偏移。

（1）生成等距线的方法　单击图标 ，提示区出现"使用偏移值选择要复制的几何图形"的提示，选取图 3-68a 所示的轮廓线，"草图工具"工具栏显示为图 3-67 所示的状态。

1）输入一个点。若输入一个点 P1，则生成通过这个点的等距线，如图 3-68b 所示。

图 3-67　偏移辅助工具按钮

2）在工具栏的"偏移"编辑框键入数值，光标所在的一侧就会生成指定偏移值的等距线，如图 3-68c 所示。

（2）生成等距线的选择项

1）无拓展方式。选择该图标 ，如果只选取了轮廓线中的一段或相邻的几段，则只生成所选取线段的等距线，如图 3-68d 所示。

2）切线拓展方式。选择该图标🖐，如果只选取了轮廓线中的一段或相邻的几段，将生成包括与其相切连接线段的等距线，如图 3-68e 所示。

3）点拓展方式。选择该图标🖐，如果只选取了轮廓线中的一段或相邻的几段，将生成包括与其连接线段的等距线，如图 3-68b 和图 3-68c 所示。

4）两侧方式。选择该图标✏，可以在轮廓线的两侧同时生成等距线。

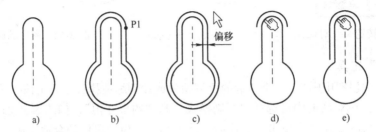

图 3-68　生成等距线

3.3.5　3D 几何图形

三维形体可以看作是由一些平面或曲面这样的表面围起来的，每个面还可以看作是由一些直线或曲线作为边界确定的。通过获取三维形体面、边在工作平面的投影，可以得到平面图形，可以获取三维形体与工作平面的交线。利用这些投影或交线，还可以进行编辑，构成新的图形。

通过"操作"工具栏上的"投影 3D 元素"工具🖳，可展开"3D 几何图形"工具栏，如图 3-69 所示。

1. "投影 3D 元素"工具

"投影 3D 元素"工具🖳用于将三维实体对象投射到草图平面，即在草图平面投影生成三维实体的轮廓曲线。选择投影的实体，单击该按钮，即可在草图平面上生成该三维实体的轮廓，该轮廓与实体是全关联的，如图 3-70 所示。

图 3-69　"3D 几何图形"工具栏

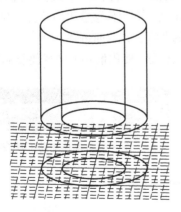
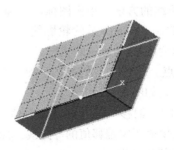

图 3-70　投影 3D 元素

2. "与 3D 元素相交" 工具

"与 3D 元素相交" 工具 用于创建三维实体与草图平面相交的轮廓。选择投影的实体，单击该按钮，即可在草图平面上生成该三维实体与草图平面相交的轮廓，如图 3-71 所示。

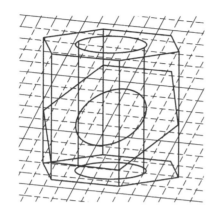

图 3-71　与 3D 元素相交

3. "投影 3D 轮廓边线" 工具

"投影 3D 轮廓边线" 工具 用于将三维实体轮廓投射到草图平面，只能从轴平行于草图平面的标准曲面创建轮廓边线。选择投影实体的轮廓，单击该按钮，即可在草图平面上生成该三维实体轮廓与草图平面的投影，如图 3-72 所示。

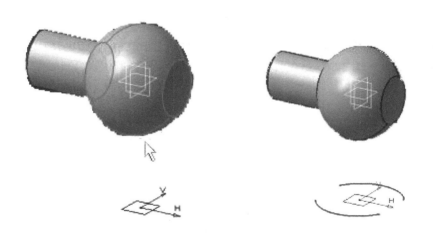

图 3-72　投影 3D 轮廓边线

3.4　草图元素的约束

利用约束功能，可以便捷、准确地绘制或编辑图形。通过图 3-73 所示 "草图工具" 工具栏的图标、图 3-74 所示 "约束" 工具栏的图标或图 3-75 所示有关约束的菜单可以控制约束功能。

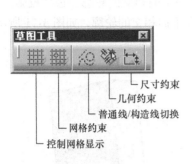

图 3-73 "草图工具"工具栏

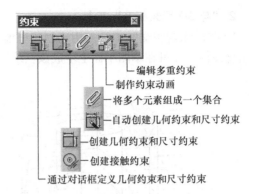

图 3-74 "约束"工具栏

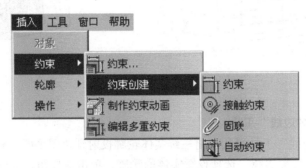

图 3-75 有关约束的菜单

3.4.1 网格约束

图标 ▦ 和 ▦ 的功能分别是网格打开和网格打开捕捉网格交点。图 3-76a 是在两者关闭时用光标绘制的直线，图 3-76b 是在两者打开时，用光标在同样的位置绘制的直线。

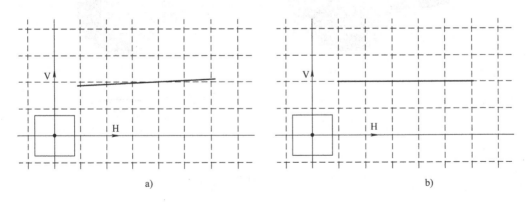

图 3-76 网格约束的作用

3.4.2 构造 / 标准元素

"构造 / 标准元素"工具图标为 ▧，即在标准图线和辅助图线间切换。对于构造元素，即辅助图线，它显示为虚线样，如图 3-77 所示。

注意：草图中标准元素显示为实线，构造元素显示为虚线，此虚线不是实体中表示看不见轮廓的那种线，在草图中它是作为辅助线使用。

　　除实线、虚线外，草图中还有个"轴"，它用点画线表示，如图 3-78 所示，注意它和构造线的区别。

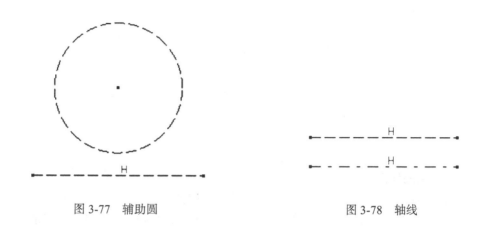

图 3-77　辅助圆　　　　　　　　　　　　　　　图 3-78　轴线

　　特别注意：在 CATIA 中，实线和构造线可以相互转换，它们还都可以转换成轴线，但轴线不能转换成实线或构造线。

3.4.3　几何约束

　　几何约束的作用是约束图形元素本身的位置或图形元素之间的相对位置。当图形元素之间建立了约束关系时，改变其中一个图形元素，与其相关的另一个图形元素有可能随之改变，但它们之间建立的约束关系并不改变。例如，图 3-79a 所示一条直线与一个圆建立了相切的约束关系。若改变圆的半径或位置，直线随之改变，但直线与圆相切的关系不变，如图 3-79b 所示。若改变直线，圆也会随之改变，但直线与圆的相切关系仍然不变，如图 3-79c 所示。在几何约束状态下，不但记录这些图形对象的几何数据，还要记录它们之间的约束关系。

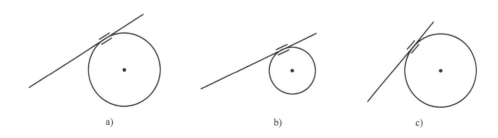

a)　　　　　　　　　　　　b)　　　　　　　　　　　　c)

图 3-79　改变对象的大小或位置，相切的关系不变

1.约束基础

　　通过"约束"工具栏上的"在对话框中创建约束"工具 ▦，可以以对话框的形式创建约束。创建约束前，必须先选择约束对象，否则"在对话框中创建约束"工具按钮不可用。如果图中元素全部被约束，这些元素以绿色线表示，如图 3-80 所示。

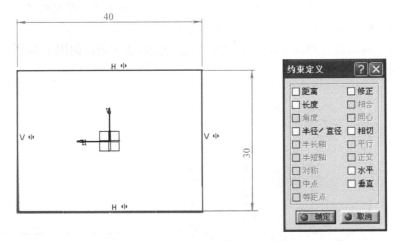

图 3-80　草图约束

2. 几何约束的种类

几何约束的种类和参与约束的图形元素的种类和数量有关。当图形元素被约束时，在其附近显示着表 3-1 所示的相应符号。被约束的图形元素，在解除或改变其约束之前，始终保持它现有的状态。

表 3-1　几何约束的种类和建立约束的对象

种类	符号	建立约束的对象和对该约束的补充说明
固定	⚓	所有的图形元素
水平	H	一些直线
铅垂	V	一些直线
平行	⊩	一些直线
垂直	ㄥ	两条直线
相切	∥	两条曲线或一条曲线和一条直线
同心	◎	两个圆或椭圆种类的图形元素，或者其中一个是点
对称	⊪	直线两侧两个相同种类的图形元素
中点	⤨	一个点和一条直线，点始终位于直线的中点
等距点	⤨	三个点，P1、P3 点与 P2、P3 点的距离始终相等
固联	⬀	将多个种类的图形对象组成一个集合
相合（coincidence）	○、◉	两个相同种类的图形元素，或者其中一个是点。相合在有的版本中称为"一致"或"重合"。例如，两个点重合、两条直线共线、两个圆（圆弧）共圆或点在其他图形对象上

3. 利用约束定义对话框添加几何约束

单击图标▨，使其呈橙色显示，这是建立几何约束的必要条件。选取图形对象，单击图标▨，在随后弹出的图 3-81 所示的约束定义对话框，选择约束的种类，单击"确定"按钮即可。

说明：在约束定义对话框中有 17 个复选框，分别属于尺寸约束和几何约束。可以定义的约束种类与所选图形对象的种类和数量有关。

4.交互方式添加几何约束

通过"约束"工具栏上的"约束"工具 ，可以展开"约束创建"工具栏。"约束创建"工具栏中包括"约束"和"联系约束"。

1）"约束"工具用于创建一般约束，如长度、角度、距离和半径等。按下〈Ctrl〉键选择两个轮廓，则可定义两者之间的相对关系，如角度、距离等。

2）"联系约束"工具用于创建联系约束，如同心、共线和相切等。

5.创建多维约束

"多维约束"工具 用于同时对多个约束进行编辑。单击该工具按钮，弹出"编辑多维约束"对话框，在对话框中选

图3-81　"约束定义"对话框

择要约束的元素，在对话框中选择要编辑的约束，再单击"当前值"输入新值，即可改变当前约束；单击"恢复初始值"按钮，可以将改变后的约束恢复为初始值，如图3-82所示。

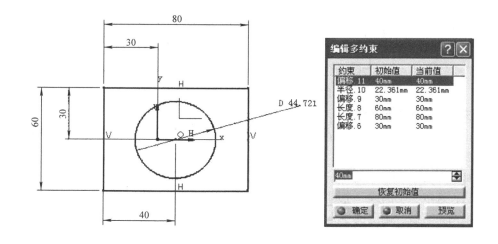

图3-82　创建多维约束

6.隐藏或显示约束符号

右击图中的约束符号或在特征树上代表约束的节点，从快捷菜单中选择隐藏/显示，即可切换约束符号的隐藏或显示的状态。

7.解除几何约束

在图中选取几何约束符号或在特征树上选取代表几何约束的节点之后按〈Del〉键，即可解除施加在图形对象上的几何约束。

8.改变几何约束

选取被约束的图形对象之后，单击图标，重新选择约束种类即可。例如，选取被固定约束的一条直线，单击图标，弹出定义约束的对话框。关闭固定复选框，打开水平复选框，直线改变为水平方向，并标注符号"H"。

3.4.4 尺寸约束

尺寸约束的作用是用数值约束图形对象的大小或约束图形对象之间的相对位置。尺寸约束以尺寸标注的形式标注在相应的图形对象上。被尺寸约束的图形对象只能通过改变尺寸数值来改变它的大小。从草图设计返回零件设计模块后，将不再显示标注的尺寸或几何约束符号。

1. 自动建立尺寸约束

若"草图工具"工具栏的图标🔳处于激活状态，在绘制图形对象时，则自动建立图形对象的尺寸约束，如图 3-83 所示。

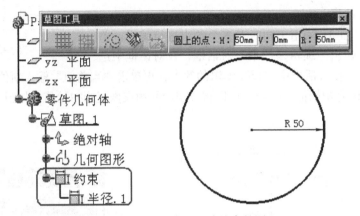

图 3-83 带有半径尺寸约束的圆

2. 交互方式建立尺寸约束

单击图标🔳，选取待标注的对象（或者先选取待标注的对象，再单击该图标），确定尺寸的位置，即可建立尺寸约束。

例如，单击该图标，选取一条直线，确定尺寸的位置，即可建立长度的尺寸约束。同样的方法，选取一个圆或一个圆弧，确定了尺寸的位置之后，即可得到直径或半径的尺寸约束；选取两条直线，确定尺寸的位置，即可建立角度的尺寸约束；选取圆和圆弧的中心，确定尺寸的位置，即可建立了距离的尺寸约束。以上结果如图 3-84 所示。

通过图 3-84 所示的定义约束的对话框也可以定义以上五种尺寸约束。选取建立尺寸约束的对象，单击图标，通过长度、半径／直径、角度或距离复选框选择其中的约束种类即可，但只能用默认的尺寸位置。

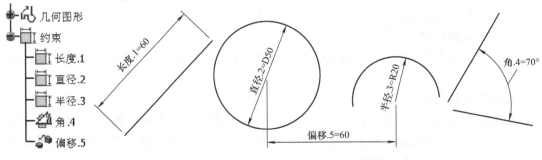

图 3-84 建立尺寸约束

3.4.5　接触约束

接触约束施加于两个图形元素。所选对象的种类不同，接触的含义也不同。若选取的两个对象元素都是点，第二个点移至与第一个点重合；若选取的两个对象都是直线或一个是点，第二个对象移至与第一个对象点共线；若选取的两个对象都是圆或圆弧，第二个对象移至与第一个对象同心；若选取的两个对象一个是曲线，另一个是直线，第二个对象移至与第一个对象相切。

单击图标，选取图 3-85 所示的第一行的两个对象，其中左上为第一个被选取的对象，第二行为建立接触约束后的两个图形对象。

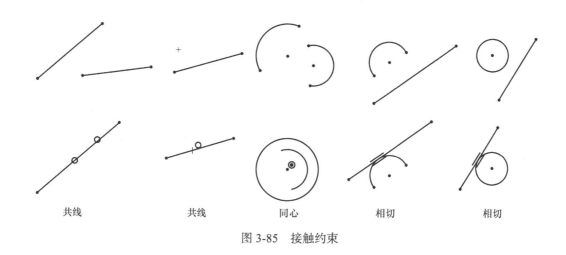

| 共线 | 共线 | 同心 | 相切 | 相切 |

图 3-85　接触约束

3.4.6　固联约束

固联约束可施加于多个不同种类的图形元素，将这些图形对象组成一个集合。若改变其中任一对象的位置，这些图形元素都做相同的改变。

例如，图 3-86a 所示的曲柄滑块机构中的滑块部分，滑块应该与连杆的端点做相同的运动。固联约束解决的就是这样的问题。

单击图标，弹出图 3-87 所示的"固联定义"对话框。选取连杆的端点和表示滑块的四条直线，单击"确定"按钮即可，结果如图 3-86b 所示。

图 3-86　曲柄滑块机构中的滑块部分

图 3-87 "固联定义"对话框

3.4.7 创建自动约束

"自动约束"工具 用于自动创建约束。单击该工具按钮弹出"自动约束"对话框,在对话框中选择要约束的元素、参考元素等,即可自动生成约束。单击"自动约束"可展开"约束的几何图形"工具栏,其中的另一个工具为"固定在一起"。单击该工具按钮弹出"一起修复定义"对话框,再选择要固定在一起的几何元素,即可将选中的几何元素固定在一起,如图 3-88 所示。

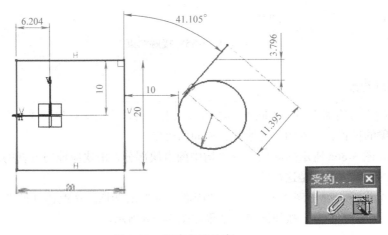

图 3-88 创建自动约束

3.4.8 编辑多重约束

"编辑多重约束"图标为 ,功能在大型设计中是常用的。大型设计时图形中有好多个尺寸,当一次要修改多个尺寸值时,可采用"编辑多重约束"将多个尺寸值一次修改完,不必在图形中反复修改尺寸。

如图 3-89a 所示,草图中有五个尺寸,现要将图中左边三个尺寸值修改进入草图,单击"编辑多重约束",弹出"编辑多重约束"对话框,在框中将要修改的尺寸在框下方"当前值"栏中修改,修改完单击"确定"按钮即可。注意图中正修改的尺寸呈橙色,已修改完的尺寸呈天蓝色，未修改的尺寸呈绿色。

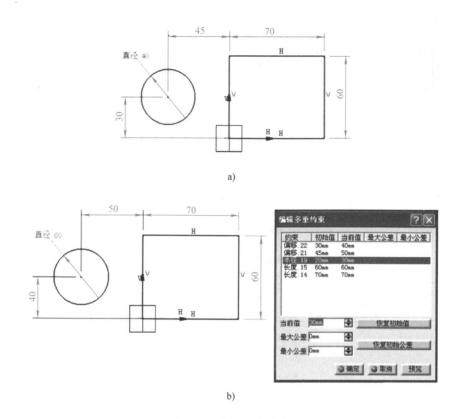

图 3-89　编辑多重约束

3.4.9　智能拾取

1. 概述

在启用智能拾取的环境下，当光标接近图形对象特定的位置（如直线的端点、中点、圆心等）或特定的方向（如水平、垂直、切线、平行等）时，系统会自动将光标指出的大概位置调整为特定的位置或特定的方向，同时以专用符号或辅助线的形式向用户报告特定位置或特定方向的种类，若此时单击左键，即可得到特定的位置或特定的方向。智能拾取也是一种约束，是将光标约束到光标附近已有图形对象的特征点或特定的方向上。

2. 设置智能拾取的种类

单击图 3-90 所示的"草图编辑器"选项卡的智能拾取按钮，弹出设置智能拾取种类的对话框，如图 3-91 所示。通过该对话框的六个复选框可以设置适合自己所需智能拾取的种类。注意，该对话框的第四个复选框垂直的含义是与参考对象垂直，第六个复选框水平和垂直中的垂直指的是铅垂方向。

3. 打开或关闭智能拾取状态

如果关闭了图 3-91 所示的"智能拾取"对话框中的全部复选框，就关闭了智能拾取状态。这样的做法是不可取的，应该将启用智能拾取设置为默认的状态。如果需要关闭智能拾取的状态时，只要按住〈Shift〉键操作即可。

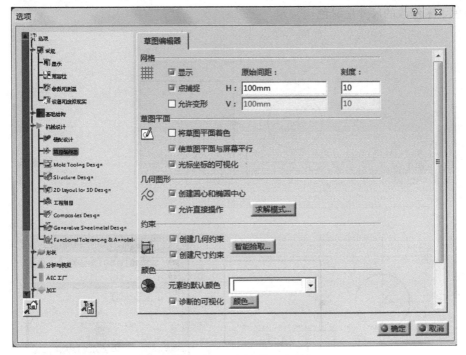

图 3-90 "草图编辑器"选项卡

图 3-91 "智能拾取"对话框

3.4.10 草图线条颜色的含义

白色：草图线条无约束。这样的草图不规范，看到草图线条为白色就要注意给它添加约束，如图 3-92a 所示。

绿色：标准约束，即草图线条已约束好。最好草图各线条颜色全为绿色，这样的草图规范，不会出错，如图 3-92b 所示。

紫色：过约束。如图 3-92c 所示，对长方形的长方向尺寸标注了两次，发生了过约束，草图线条颜色变成了紫色，同时尺寸的颜色也改变，这种约束不应该出现。

红色：错误约束，这绝对不可出现。如图 3-92d 所示，长方形内加了一条对角线，却给对角线加了水平约束，这明显是错误的。

黄色：不可更改的图素。如图 3-92e 所示，新作一个草图，并将原有模型上的轮廓投影过来，则投影过来的线条颜色为黄色，它们在本草图中是不可更改的，只能随着原来的模型更改而更改。

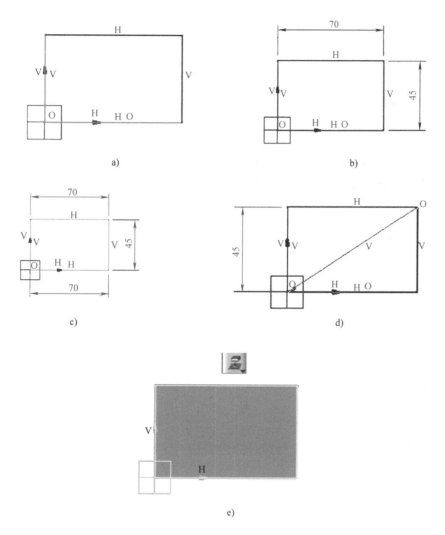

图 3-92　不同颜色的草图

3.5　基本操作实例

1. 案例 1 的练习（风扇叶片的绘制）

1）单击下拉菜单"开始"→"零件设计"，打开新零件的设计界面。在 xy 平面上绘制草图。单击选择"草图工具"的绘制按钮，然后单击选择特征树上的"xy 平面"，进入草图绘制界面。

2）单击"居中的矩形"命令图标，以坐标原点为中心，绘制长、宽都为 8mm 的居中矩形，如图 3-93 所示。

3）单击"圆圈"命令图标 ⊙，绘制直径为 32mm 的圆，如图 3-94 所示。

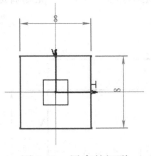

图 3-93　居中的矩形

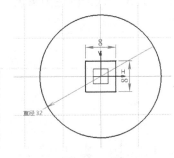

图 3-94　圆

4）单击"直线"命令图标 ╱，绘制长 67mm、与 x 轴夹角为 66° 的线段，如图 3-95 所示。

5）单击"直线"命令图标 ╱，绘制长为 6mm、与 x 轴夹角为 66° 的线段，如图 3-96 所示。

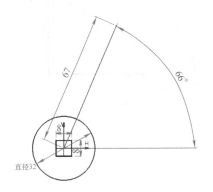

图 3-95　长度为 67mm 的线段

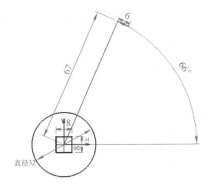

图 3-96　长度为 6mm 的线段

6）单击"直线"命令图标 ╱，绘制长为 20mm、与 x 轴的夹角为 0° 的线段，如图 3-97 所示。

7）单击"三点圆弧"命令图标 ↻，绘制如图 3-98 所示圆弧。

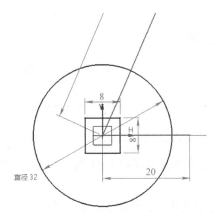

图 3-97　长度为 20mm 的线段

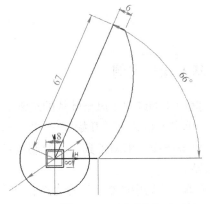

图 3-98　三点圆弧

8）单击"约束"命令图标 ，约束三点圆弧的半径为 53.558mm，如图 3-99 所示。双击三点圆弧的半径尺寸，改尺寸为 65mm，如图 3-100 所示。

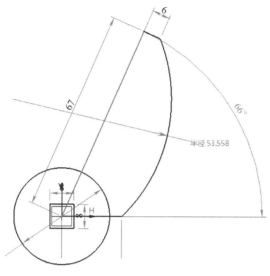

图 3-99　标注圆弧半径图

图 3-100　修改圆弧半径尺寸

9）双击"旋转"命令图标 ，对三段线段和弧进行 120°的旋转，弹出的"旋转定义"对话框中选择复制模式，实例为 2，如图 3-101 所示。

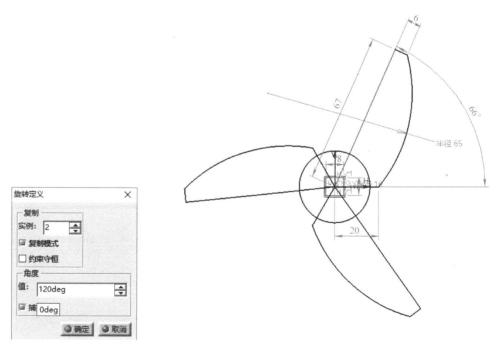

图 3-101　旋转复制叶片

10）双击"快速修剪"命令图标 ，修剪多余元素，如图 3-102 所示。

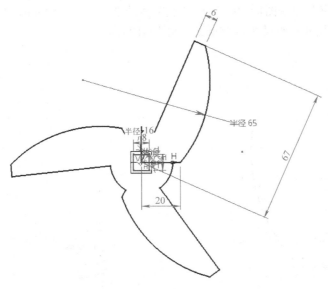

图 3-102   叶片草图

2. 案例 2 的练习

1）选择软件界面的下拉菜单，单击"开始"→"机械设计"→"零件设计"命令，选择 xy 轴，然后进入草图模式。

2）单击图标 ⬡，画一个边长为 60mm 的六边形，单击图标 ⊙画一个直径为 100mm 的圆，生成草图 1，如图 3-103 所示。

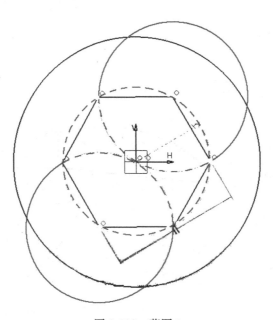

图 3-103   草图 1

3）选择直径为 100mm 圆的圆心画一条长度为 80mm 的直线，在末端处画一条长度为 50mm 的直线，以此线末端处画一个直径为 120mm 的圆，生成草图 2，如图 3-104 所示。

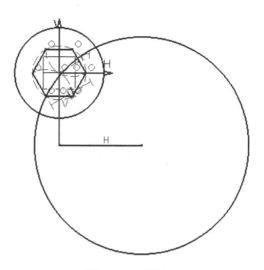

图 3-104　草图 2

4）选择直径为 100mm 圆的圆心向下 30mm 处画一条直线，再画一个半圆，选择单击"快速修剪"图标 ✐ 把多余的线剪去，生成草图 3，如图 3-105 所示。

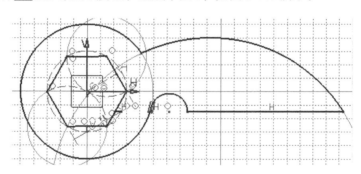

图 3-105　草图 3

3. 案例 3 的练习

1）选择 xy 平面，进入草图界面，双击圆图标 ⊙，绘制如图 3-106 所示的三个圆，圆心分别为（0,0）（46,0），生成草图 1。

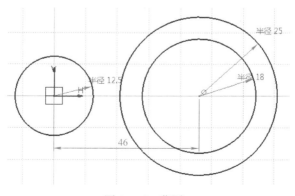

图 3-106　草图 1

2）双击"直线"工具图标 /，可以连续绘制直线，生成草图 2，如图 3-107 所示。

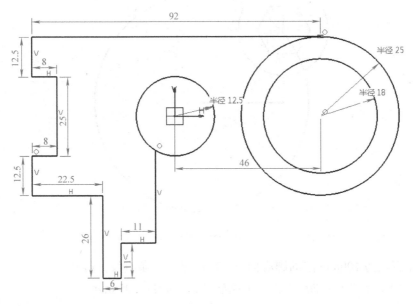

图 3-107　草图 2

3）单击"镜像"工具 ⊶，选择 2）所绘制的直线，以 y 轴为对称轴，复制镜像如图 3-108 所示，生成草图 3。

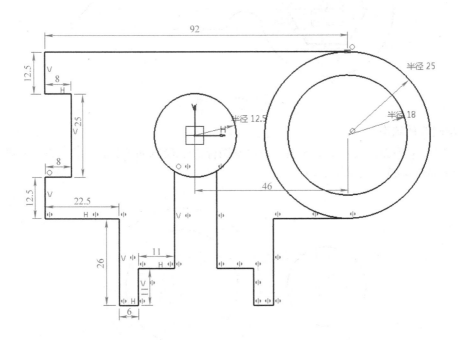

图 3-108　草图 3

4）以（46,0）为起点，绘制与 x 轴夹角 36°，长度为 36mm 的直线，以该直线顶点为圆心绘制两个半径分别为 5mm 和 9mm 的圆，生成草图 4，如图 3-109 所示。

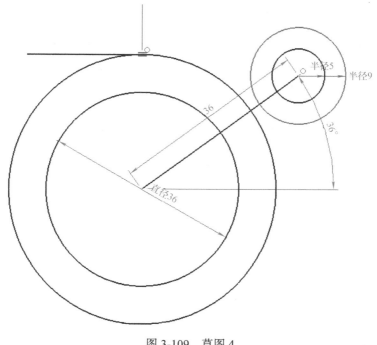

图 3-109 草图 4

5）用直线连接两个大圆，连接线与半径为 9mm 的圆相切。单击 ⟋ ，进行快速修改，生成草图 5，如图 3-110 所示。

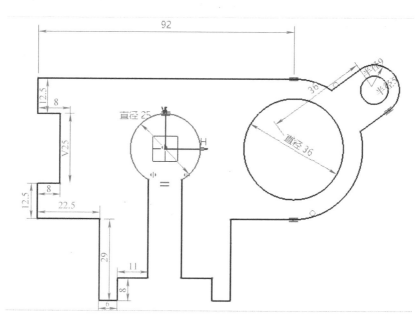

图 3-110 草图 5

6）单击图标 ⊡ 进行尺寸约束，最终草图如图 3-111 所示。

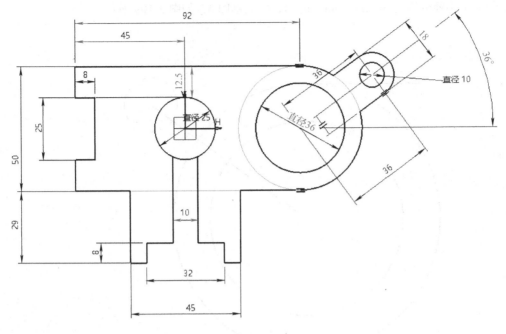

图 3-111　最终草图

4. 案例 4 的练习

1）进入零件设计界面，选择 xy 平面进入草图编辑界面。画出两条相互垂直的直线，单击图标 ⊙，绘制圆的中心线，单击图标 ⊙，以交点为圆心分别画出半径为 2.5mm、7mm 的圆，再画出两条相互垂直的构造线，以交点为圆心分别画出半径为 8mm、11mm 的圆，生成草图 1，如图 3-112 所示。

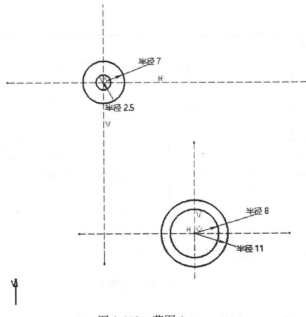

图 3-112　草图 1

2）单击"双切线"图标，选择半径为 7mm 和半径为 8mm 的圆，约束该直线垂直，画一个半径为 28mm 的圆，约束它的圆心和构造线相合，生成草图 2，如图 3-113 所示。

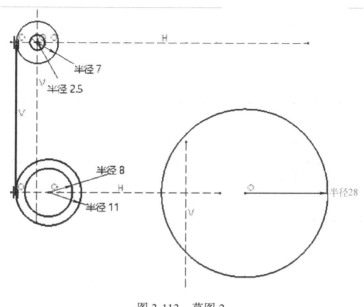

图 3-113　草图 2

3）同时选择半径为 7mm 和 28mm 的圆约束相切，同理约束半径为 8mm 和 28mm 的圆相切，如图 3-114 所示。

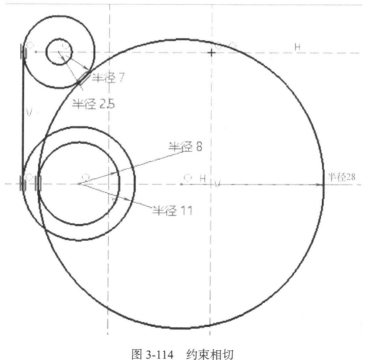

图 3-114　约束相切

4）过圆心画一条构造线，约束水平夹角为140°，画一个半径为1.5mm的圆，圆心位于该直线上，约束该圆与半径为11mm的圆相切，生成草图3，如图3-115所示。

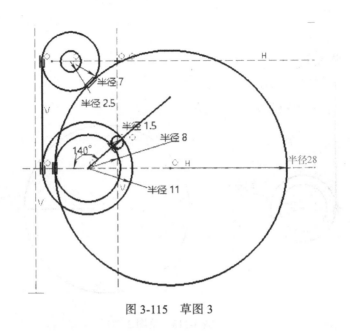

图 3-115　草图 3

5）单击 ✐ 进行快速修剪，生成最终草图，如图3-116所示。

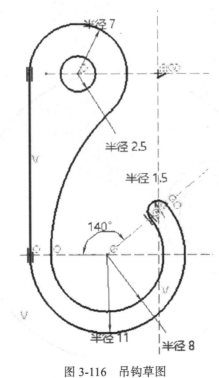

图 3-116　吊钩草图

本 章 小 结

草图设计是创建三维的模型或曲面的基础。在草图基础上，可以用多种方法创建三维模型。本章主要讲解 CATIA V5 草图设计界面及其环境的设置、草图绘制工具的介绍、草图元素的修改编辑工具、草图元素的约束与创建方法等。本章的重点是草图元素的绘制、编辑与约束的应用，本章的难点是草图元素的应用。初学者应按照讲解方法多次进行实例练习。

课 后 练 习

一、选择题

1. 一组同心圆可由一个已画好的圆用（　　　）命令来实现。

A. 拉伸 STRETCH 　　　　　　　　B. 移动 MOVE

C. 拉伸 EXTEND 　　　　　　　　　D. 偏移 OFFSET

2. 在草图 Sketcher 中功能▦的效果是在鼠标创建点时（　　　）。

A. 捕获直线端点 　　　　　　　　　B. 捕获几何元素的特征点

C. 捕获网格点 　　　　　　　　　　D. 捕获圆类元素的圆心点

3. CATIA 草绘模块里中心轴的主要功能是为一些对称的图素或回转体截面图形创建一条中心线，绘制的线型为（　　　）。

A. 多段线 　　　B. 多重线 　　　C. 点画线 　　　D. 构造线

4. 如果想将一条已绘制的线变为辅助线（构造线），用下面（　　　）工具可以完成。

A. ▦ 　　　　B. ◢ 　　　　C. ✕ 　　　　D. ◉

5. CATIA 草绘模块中，欲将一圆等分为数段，用以下（　　　）命令。

A. ⬈ 　　　　B. ✕ 　　　　C. ⬍ 　　　　D. ▥

6. 如要创建二次曲线（抛物线、双曲线、椭圆），应选用以下（　　　）命令。

A. ◝ 　　　　B. ⟲ 　　　　C. ◠ 　　　　D. ⌒

7. 将三维实体对象投射到草图平面，即在草图平面投影生成三维实体的轮廓曲线，用以下（　　　）命令。

A. ▦ 　　　　B. ⬆ 　　　　C. ▣ 　　　　D. ◫

8. 通过定义圆心以及两个先定点创建弧应该用（　　　）命令。

A. ⊙ 　　　　B. ↻ 　　　　C. ◔ 　　　　D. ◯

9. 在用草图编辑器画草图时，为防止自动捕捉建立不需要的约束，在画图时应按住键盘上的（　　　）键。

A.F1 　　　　B.F3 　　　　C.Shift 　　　　D.Enter

10. 在用草图编辑器画草图时，图形出现过约束时，软件默认的颜色为（　　　）。

A. 绿色 　　　B. 白色 　　　C. 黄色 　　　D. 紫色

二、绘制图 3-117 所示的各个草图

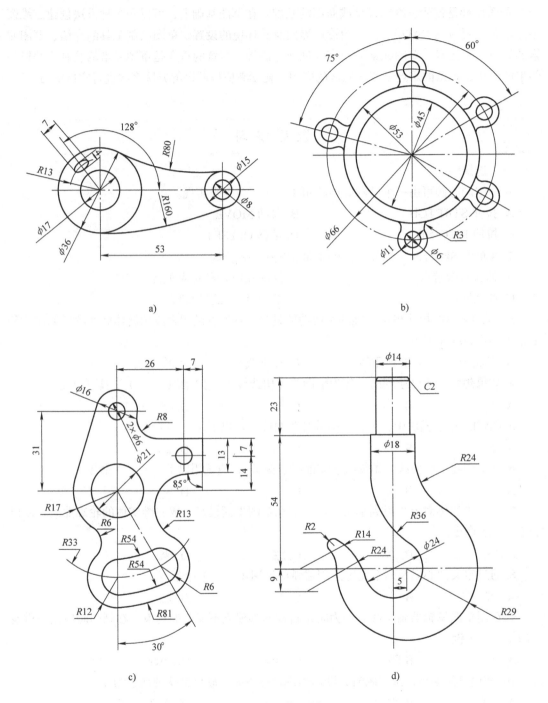

图 3-117　练习题

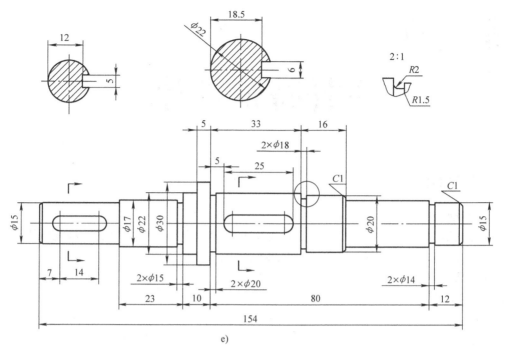

e)

图 3-117　练习题（续）

第 4 章

零件特征设计

4.1 特征概述

1. 特征概念及分类

特征是指描述产品信息的集合，也是设计或制造零部件的基本几何体。纯几何的实体与曲面是比较抽象的，引入特征概念的目的是增加实体几何的工程意义。

从产品整个生命周期来看，特征可分为设计特征、分析特征、加工特征、公差及检测特征和装配特征等。

从产品功能上讲，特征可分为形状特征、精度特征、技术特征、材料特征和装配特征。

从复杂程度上讲，特征可分为基本特征、组合特征和复合特征。

形状特征用于描述某个有一定工程意义的几何形状信息，是产品信息模型中最主要的特征信息之一。它是其他非几何信息（如精度特征、材料特征等）的载体。非几何信息作为属性或约束附加在形状特征的组成要素上。

形状特征又分为主特征和辅特征。主特征用于构造零件的主体形状结构；辅特征则用于对主特征的局部进行修饰，它依附在主特征之上。辅特征又有正负之分，正特征向零件加材料，用来描述凸台、筋板等形状实体；负特征向零件减材料，用来描述孔、槽之类的形状。在辅特征中还包括修饰特征，用来表示印记和螺纹等。

2. 基于特征的 CAD 系统

基于特征的设计是一种基于特征的 CAD 系统的实现方法，它以特征作为产品设计的基本单元，把产品模型描述为特征的集合。特征是指在产品生命周期各阶段活动中，与产品描述相关的信息集。在设计阶段，设计者直接使用设计特征进行产品建模。设计特征与形状特征紧密相关。设计者的设计意图通过形状特征以及它们之间的关系，包括相对位置、约束等来隐含地表达。它与特征识别的特征建模方法不同，特征识别是从产品的实体模型出发，识别出具有一定工程意义的几何形状，即特征，进而生成产品的特征模型。

按照上述描述，基于特征的 CAD 系统结构如图 4-1 所示。

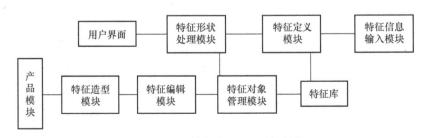

图 4-1　基于特征的 CAD 系统结构

1）特征形状处理模块。用于识别并处理特征模型中的几何实体构成，以保证特征图形参数化的实现。

2）特征定义模块。在定义特征模型数据结构的基础上，制定各尺寸的测量实体，输入相关的非几何属性，建立约束机制，形成特征模型，并存入特征库中。

3）特征对象管理模块。用于特征类的实例化操作以及对特征对象操作的管理。

4）特征造型模块。调用绘图模块，采用基于特征的建模方法来构造产品信息模型。

4.2 拉伸凸台和凹槽

零件设计平台是使用 CATIA 进行三维设计的主要工作平台。从菜单栏选择"开始"→"机械设计"→"零件设计"命令，弹出"新建零部件"对话框，设置好对话框按"确定"按钮即可进入零件设计平台，如图 4-2 和图 4-3 所示。

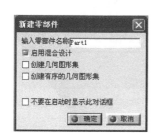

图 4-2 "新建零部件"对话框

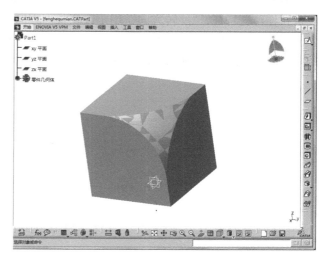

图 4-3 零件设计工作界面

在零件设计的过程中，经常要在草图工作台和零件设计平台之间切换，在草图工作台绘制好二维轮廓，然后切换到零件设计平台，利用二维轮廓生成三维实体。

4.2.1 创建拉伸凸台

1."凸台"工具

"凸台"工具用于将二维轮廓拉伸为三维实体。在实体零件设计平台选择二维轮廓，单击该工具按钮 ，弹出"凸台定义"对话框，如图 4-4 所示。

（1）**扩展选项** 单击"更多"按钮，对话框扩展如图 4-5 所示，增加的选项有："第二限制"设置方法与"第一限制"相同，用于生成双向拉伸；如果选择了"厚度"，则可在"薄凸台"选项中定义薄壳的厚度。

图 4-4　"凸台定义"对话框

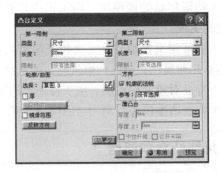

图 4-5　"凸台定义"对话框扩展图

（2）**第一限制**　第一限制其中的类型选项有五种，分别是"尺寸""拉伸至下一个对象""拉伸至最后一个对象""拉伸至指定平面"和"拉伸至指定曲面"。

（3）**轮廓 / 曲面**　轮廓 / 曲面其中的类型选项有："选择"用于选择拉伸对象，"厚度"用于生成拉伸薄壳特征，"反转方向"用于改变拉伸方向，"镜像范围"用于对称双向拉伸，"反转边"仅适用于开放轮廓。此选项允许您选择要拉伸轮廓的那一侧，也可以从包括多个轮廓的草图创建凸台，但这些轮廓不能相交，如图 4-6 所示。

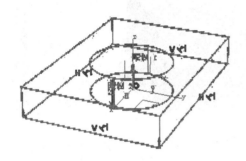 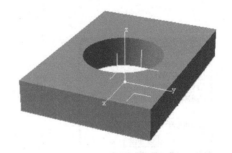

图 4-6　多轮廓草图创建凸台

2. "拔模圆角凸台"工具

"拔模圆角凸台"工具用于将二维轮廓拉伸为三维实体，同时进行拔模和倒圆角操作。在实体零件设计平台选择二维轮廓，单击该工具按钮，弹出"已拔模的圆角凸台定义"对话框，如图 4-7 所示。

"已拔模的圆角凸台定义"对话框选项如下：

（1）**第一限制**　"第一限制"用于定义拉伸的长度。

（2）**第二限制**　"第二限制"用于定义拉伸的基准面。

（3）**圆角**　"圆角"用于定义各边的过渡圆角。

3. "多凸台"工具

"多凸台"工具用于将多个二维轮廓拉伸为三维实体。在实体零件设计平台选择二维轮廓，单击该工具按钮，弹出"多

图 4-7　"已拔模的圆角凸台定义"对话框

凸台定义"对话框，如图 4-8 所示。"多凸台定义"对话框的设置与"凸台定义"对话框相似，在"域"列表框中列出了各个草图轮廓，分别以"挤压域 1"、"挤压域 2"……表示。选择不同的挤压域，按前述方法进行设置，即可完成相应的复合拉伸，如图 4-9 所示。

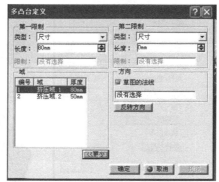

图 4-8　"多凸台定义"对话框

图 4-9　不同选项对复合拉伸结果的影响

4.2.2　创建拉伸凹槽

通过"基于草图特征"工具栏上的"凹槽"工具，可以通过二维草图，以多种方式在三维实体上进行挖切操作。单击"凹槽"工具的下拉箭头，即可展开全部的"凹槽"工具，如图 4-10 所示。

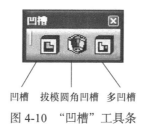

凹槽　拔模圆角凹槽　多凹槽

图 4-10　"凹槽"工具条

这三个工具与"凸台"的三个工具相对应，各项设置也基本相同，所不同的是这三项操作是从实体上挖切材料的，如图 4-11 所示。

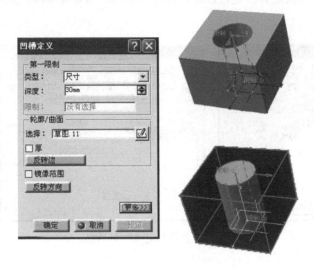

图 4-11　凹槽工具操作图

4.2.3　拉伸特征设计案例

1. 建立多凸台的三维模型

1）进入零件设计模块，选择 xy 坐标面，单击□按钮，进入草图设计模块。绘制图 4-12 所示的草图 1。单击□按钮，返回零件设计模块（注意:绘制草图 1 时要修剪干净多余部分）。

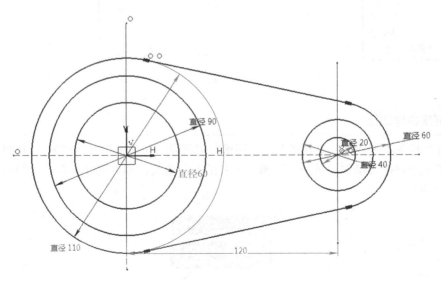

图 4-12　草图 1

2）单击□按钮，单击"更多"，弹出图 4-13 所示的对话框。

① 选择拉伸域 .1（外围轮廓），第一限制长度为 17.5mm，第二限制长度为 −27.5mm。

② 选择拉伸域 .2（大端圆环），第一限制长度为 35mm，第二限制长度为 35mm。

③ 选择拉伸域 .3（大端内圆），第一限制长度为 0mm，第二限制长度为 0mm。

④ 选择拉伸域 .4（小端圆环），第一限制长度为 35mm，第二限制长度为 35mm。

⑤ 选择拉伸域 .5（小端内圆），第一限制长度为 0mm，第二限制长度为 0mm，单击"确定"按钮，生成图 4-14 所示的结果。

图 4-13　"定义多凸台"对话框

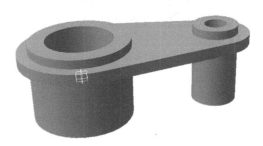

图 4-14　多凸台拉伸草图

3）单击选中外围轮廓上表面，单击 ⬛ 按钮，弹出图 4-15 所示的对话框。右键选择镜像元素为"xy 平面"，单击"确定"按钮，生成图 4-16 所示的结果。

图 4-15　"定义镜像"对话框

图 4-16　镜像后的结果

至此，完成了多凸台的三维模型。单击 ⬛ 按钮，将多凸台的三维模型文件命名为 duo-tutai.CATIAart 保存。

2. 齿轮泵设计

（1）齿轮泵泵体设计

1）选择"开始"→"机械设计"→"零件设计"命令，新建一个零件，名字为"chilun-bengbengti"。以 xy 平面为草图设计的参考平面，单击按钮 ⬛，进入草图模式，单击按钮 ⬛，在 xy 平面上绘制草图 1，如图 4-17 所示。

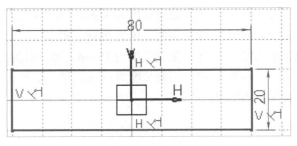

图 4-17 草图 1

2）单击按钮 ，离开草图模式。

3）单击按钮 ，在弹出的"定义凸台"对话框的"长度"文本框中输入数值"14mm"，如图 4-18 所示。

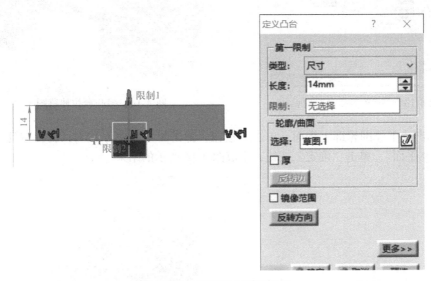

图 4-18 对草图 1 进行拉伸

（2）建立泵体壳

1）以 zx 平面为草图设计的参考平面。单击按钮 ，进入草图模式，绘制图 4-19 所示的草图，生成草图 3。

2）单击按钮 ，离开草图模式。

3）单击按钮 ，在弹出的"定义凸台"对话框的"长度"文本框中输入数值"13mm"，单击"更多"，可以实现双向拉伸，如图 4-20 所示。

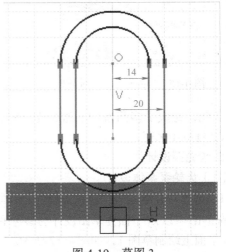

图 4-19 草图 3

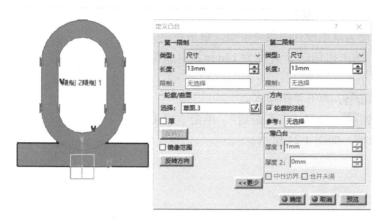

图 4-20　对草图 3 进行拉伸

（3）建立泵体连接块

1）以 xy 平面为草图设计的参考平面。单击按钮 ，进入草图模式，单击按钮 ，在 xy 平面绘制出图 4-21 所示的草图，生成草图 5。

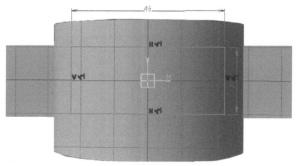

图 4-21　草图 5

2）单击按钮 ，在弹出的"定义凸台"对话框的"长度"文本框中输入数值"25mm"，如图 4-22 所示。

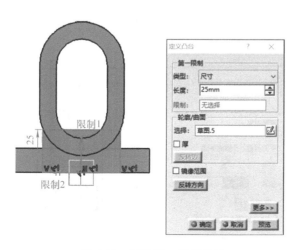

图 4-22　对草图 5 进行拉伸

（4）对泵体内部进行切除

1）以 zx 平面为草图设计的参考平面。单击按钮 ◫，进入草图模式，单击按钮 ⊙，直径为 14mm，生成草图 6，如图 4-23 所示。

2）单击按钮 ⊥，离开草图模式。

3）单击按钮 ▣，选择"直到最后"，单击"更多"，可以实现双向拉伸，如图 4-24 所示。

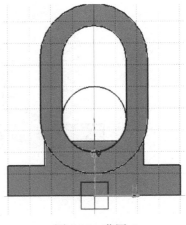

图 4-23 草图 6

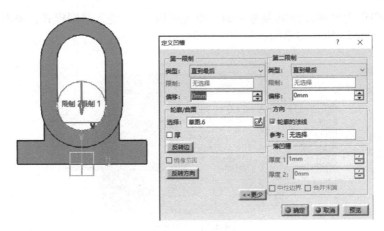

图 4-24 建立凹槽特征

（5）建立进油管

1）选择 yz 平面，单击新建平面按钮 ▱，在弹出"平面定义"对话框的"偏移"文本框中输入"14mm"，建立偏移平面，以新建立的平面为参考平面，绘制圆，半径为 8mm，生成草图 7，如图 4-25 所示。

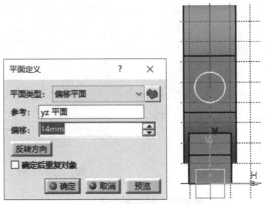

图 4-25 在新建平面绘制草图 7

2）单击按钮 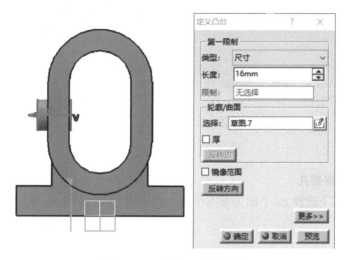，离开草图模式。

3）单击按钮 ，在弹出的"定义凸台"对话框的"长度"文本框中输入数据"16mm"，单击"确定"按钮，如图 4-26 所示。

图 4-26 对草图 7 进行拉伸

4）在新建的参考平面上绘制出圆，半径为 2mm，生成草图 8，如图 4-27 所示。

5）单击按钮 ，离开草图模式。

6）单击按钮 ，在弹出的"定义凹槽"对话框的"偏移"文本框中输入"20mm"，如图 4-28 所示。

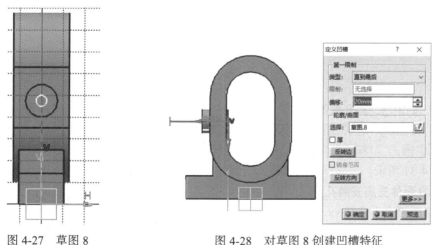

图 4-27 草图 8   图 4-28 对草图 8 创建凹槽特征

7）单击按钮 ，弹出"定义镜像"对话框。选择 yz 平面作为对称平面，选择进油管为镜像对象，单击"确定"按钮，最后完成镜像操作，如图 4-29 所示。

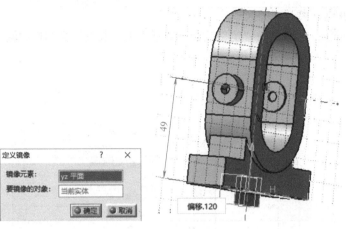

图 4-29　进油管的镜像

（6）建立泵体安装孔

1）在草图模式下选择 zx 平面为参考平面，在草图上绘制图 4-30 所示的草图。

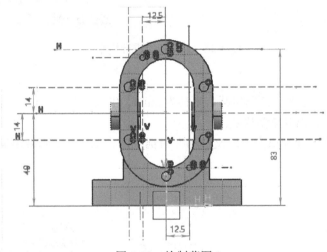

图 4-30　绘制草图 9

2）单击按钮⬆，离开草图模式。

3）单击按钮▣，在弹出的"定义凹槽"对话框的"偏移"文本框中输入"18mm"，单击"更多"，可以实现双向切除，如图 4-31 所示。

（7）建立泵体支座安装孔

1）在草图模式下选择 xy 平面为参考平面，绘制图 4-32 所示的草图 10。

2）单击按钮⬆，离开草图模式。

3）单击按钮▣，在弹出的"定义多凹槽"对话框的"深度"文本框中输入"0mm"，如图 4-33 所示。

图 4-31　对草图 9 创建凹槽特征

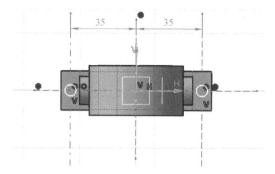

图 4-32　草图 10

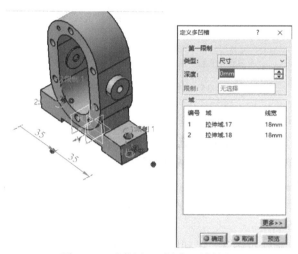

图 4-33　对草图 10 创建凹槽特征

（8）建立支座底部凹槽

1）在草图模式下选择 zx 平面为参考平面，绘制图 4-34 所示的矩形草图 11。

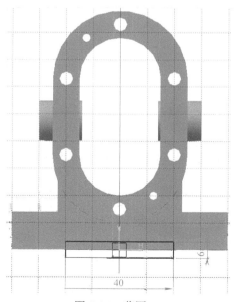

图 4-34　草图 11

2）单击按钮，离开草图模式。

3）单击按钮，在弹出的"定义凹槽"对话框的"偏移"文本框中输入"0mm"，单击"更多"，可以实现双向切除，生成最终效果图，如图 4-35 所示。

图 4-35　对草图 11 创建凹槽特征

3. 凹槽特征的练习

1）选择菜单"文件"→"新建"，选择"Part"类型，建立新文件。选择菜单"开始"→"机械设计"→"零件设计"，进入设计模块。

2）单击按钮，选择 xy 平面，进入草图设计模块，绘制草图 3，如图 4-36 所示。

3）单击按钮，旋转草图 3，得到图 4-37 所示的旋转体 1。

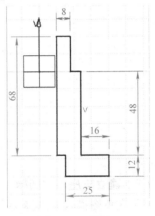

图 4-36　草图 3

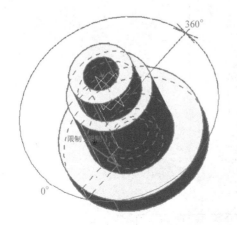

图 4-37　旋转体 1

4）单击按钮，选择 yz 平面，进入草图设计模块，绘制图 4-38 所示的草图 5。

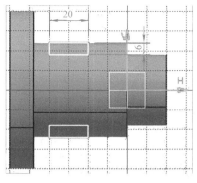

图 4-38 草图 5

5）单击回按钮，得到图 4-39 所示的凹槽 1。

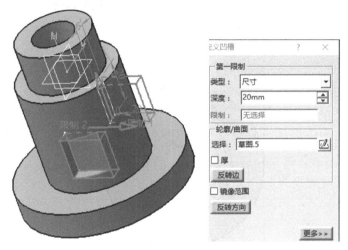

图 4-39 凹槽 1

6）单击回按钮，得到图 4-40 所示的凹槽 2。

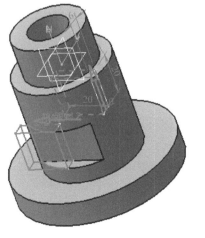

图 4-40 凹槽 2

7）单击 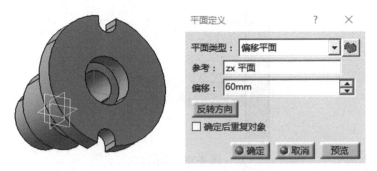 按钮，创建图 4-41 所示的平面 1。

图 4-41　平面 1

8）单击 按钮，选择平面 1，进入草图设计模块，绘制图 4-42 所示的草图 6。

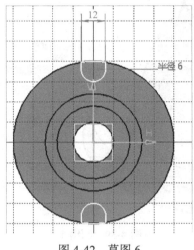

图 4-42　草图 6

9）单击 按钮，得到图 4-43 所示的凹槽 3。

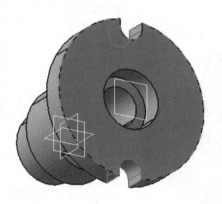
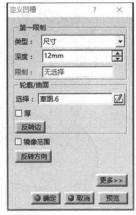

图 4-43　凹槽 3

4. 拔模凹槽的练习

1）选择菜单"开始"→"机械设计"→"零件设计"，选择 xy 界面，单击 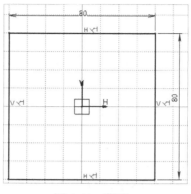，进入草图工作台，单击 ，绘制正方形草图 1，如图 4-44 所示，边长为 80mm。

图 4-44　草图 1

2）单击 ，退出草图界面，单击 ，选择草图 1，拉伸长度为 40mm，如图 4-45 所示。

图 4-45　草图 1 和凸台

3）单击拔模斜度按钮 ，对凸台进行拔模，角度为 15°，要拔模的面选择凸台外围的四个面，中性元素选择凸台底面，得到拔模体，如图 4-46 所示。

图 4-46　生成拔模体

4）对拔模体的四条棱边进行倒圆角，半径为 5mm，如图 4-47 所示。

图 4-47　对棱边倒圆角

5）单击按钮 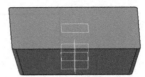，创建平面 1，类型为偏移平面，参考 xy 平面，偏移 40mm，如图 4-48 所示。

6）选择平面 1，绘制矩形边长为 65mm 的草图 2，如图 4-49 所示。

7）退出草图界面，单击挖槽按钮 ，选择草图 3，深度为 30mm，如图 4-50 所示。

图 4-48　创建偏移平面 1

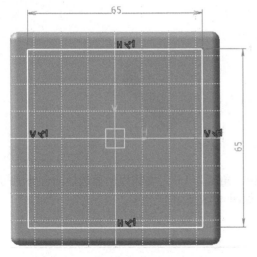

图 4-49　草图 2

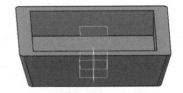

图 4-50　对凸台进行挖槽

8）单击 ，选择拔模体里面的四个面，拔模角度为 −10°，中性面为平面 1，如图 4-51 所示。

9）单击倒圆角按钮 ，选择拔模体上平面的内外所有棱边，倒角半径为 5mm，如图 4-52 所示。

10）选择 xz 界面，进入草图工作台，画出草图 4，圆半径为 10mm，如图 4-53 所示。

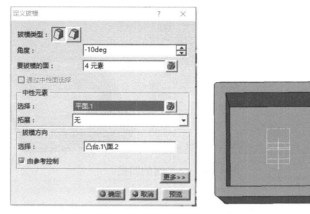

图 4-51　对挖槽面进行拔模

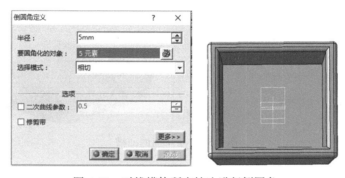

图 4-52　对拔模体所有棱边进行倒圆角

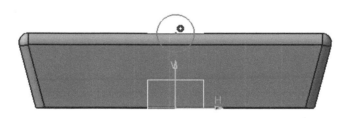

图 4-53　草图 4

11）退出草图界面，单击凹槽按钮 📷，第一限制类型选择"直到最后"，选择"草图 4"，单击"更多"，第二限制类型选择"直到最后"，如图 4-54 所示。

12）同理，进入 yz 平面绘制草图，进行挖槽，如图 4-55 所示。

13）单击倒圆角按钮，对所挖圆孔进行倒圆角，选择圆孔外边线，倒角半径为 3mm，烟灰缸画完，如图 4-56 所示。

图 4-54　xz 平面的凹槽

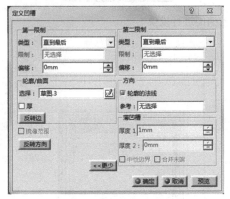

图 4-55　yz 平面的凹槽

图 4-56　烟灰缸

4.3　旋转实体和旋转凹槽

4.3.1　创建旋转实体

通过"基于草图特征"工具栏上的"旋转体"工具 ，可以通过二维草图，旋转生成三维实体。选择二维草图，弹出"旋转体定义"对话框，如图 4-57 所示。

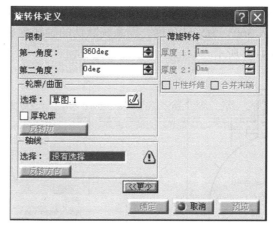

图 4-57 "旋转体定义"对话框

（1）第一限制 "第一限制"用于定义旋转起始角与终止角。

（2）轮廓/曲面 "轮廓/曲面"用于选择要旋转的二维草图。"厚轮廓"选项用于生成壳类旋转体。

（3）轴线 "轴线"用于选择生成旋转体的旋转轴线。

（4）扩展选项 扩展选项用于定义薄壳旋转体的壁厚。

4.3.2 创建旋转凹槽

通过"基于草图特征"工具栏上的"旋转凹槽"工具 ，可以通过二维草图，在三维实体旋转切除材料。选择二维草图，单击该工具按钮，弹出"旋转槽定义"对话框，其定义方法与旋转体定义方法相同，如图 4-58 所示。

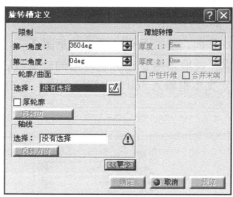

图 4-58 "旋转槽定义"对话框

4.3.3 旋转特征设计案例

瓶子教程

1）打开 CATIA 进入零件设计界面，新建一个 part 文件，选取 xy 平面作为草图平面，绘制图 1 所示的草图并添加尺寸约束，如图 4-59 所示。

2）单击 ![icon]，然后选取上步绘制的草图作为旋转体的轮廓曲线，然后在"第一角度"文本框中输入 360° 为旋转角度，以系统默认的轴线为旋转轴，单击"确定"完成旋转体的创建，如图 4-60 所示。

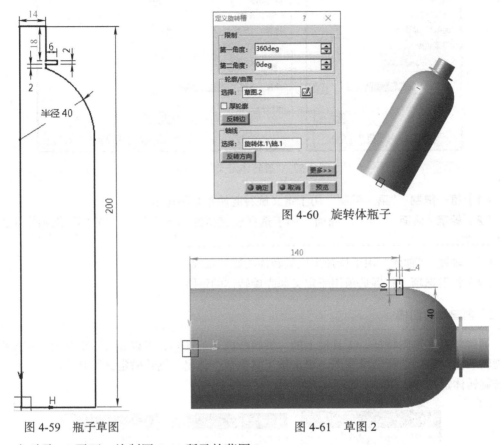

图 4-60　旋转体瓶子

图 4-59　瓶子草图

图 4-61　草图 2

3）选取 yz 平面，绘制图 4-61 所示的草图 2。

4）单击 ![icon]，选取草图 2 作为旋转槽的轮廓线，使用系统默认的轴线为旋转轴，然后在"第一角度"文本框输入 360° 为旋转角度，单击"确定"完成旋转槽的创建，如图 4-62 所示。

图 4-62　生成旋转凹槽

5）单击 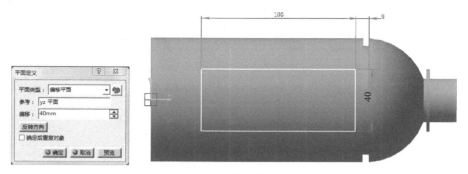，创建参考平面 1，在对话框中"平面类型"下拉列表选取"偏移平面"选项，然后选择 yz 平面为参考平面，在"偏移"文本框中输入 40mm，单击"确定"完成基准面的创建，在新建参考平面 1 上绘制草图 3，如图 4-63 所示。

图 4-63　绘制草图 3

6）单击按钮 ，选取草图 3 凹槽轮廓线，在"第一限制"区域栏的"类型"下拉列表选取"尺寸"选项，并在"深度"文本框中输入 8mm，单击"确定"完成凹槽的创建，如图 4-64 所示。

图 4-64　创建凹槽特征

7）单击按钮 ，弹出"定义圆形阵列"对话框，设置如图 4-65 所示，单击"确定"完成阵列特征的创建。

图 4-65　圆形阵列的创建

8）单击倒圆角按钮 ，选择凹槽边线为需要圆角的对象，在"半径"文本框输入1mm为指定圆角半径大小，如图4-66所示。

图4-66 倒圆角特征

9）单击按钮 ，创建抽壳特征，选择几何实体表面为要移除的面，在"默认内侧厚度"输入1.5mm为指定抽壳的平均厚度，如图4-67所示。

图4-67 抽壳特征的创建

10）切换创成式曲面设计界面，单击螺旋线按钮 ，在"螺距"文本框输入6mm为指定螺距，在"高度"文本框输入10mm为螺旋线总高度，使用系统默认的螺旋方向和起始角度，选取图4-68所示创建的点为起始点，y轴为螺旋线的旋转轴线，单击"确定"完成螺旋线的创建。

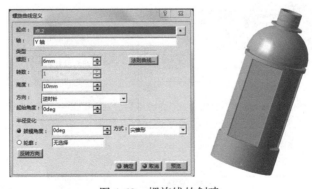

图4-68 螺旋线的创建

11）单击，创建参考平面 2，如图 4-69 所示。

图 4-69　参考平面 2

12）在平面 2 上创建草图圆，半径为 2mm，然后单击肋按钮，选取圆为轮廓曲线，选取螺旋线为中心曲线，然后使用系统默认的"保持角度"为轮廓面控制，单击"确定"完成肋特征的创建，如图 4-70 所示。到此，瓶子特征创建完毕。

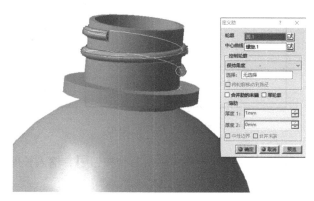

图 4-70　创建肋特征

4.4　孔特征

4.4.1　创建孔特征

通过"基于草图特征"工具栏上的"孔"工具，用于在三维实体上进行各种钻孔和螺纹生成操作。选择实体表面，单击该工具，弹出"孔定义"对话框，如图 4-71 所示。

"孔定义"对话框有以下三个选项卡：

（1）延伸　"延伸"用于定义孔的直径及公差、深度，如盲孔、直到最后、直到平面等；定义孔的方向；定义孔底的形状，如平底、V 形底；"定位草图"选项用于在实体表面准确定义孔的位置。

（2）类型　"类型"选项卡中的项目有：简单、

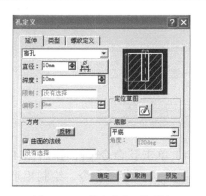

图 4-71　"孔定义"对话框

埋头、锥形、沉头、倒钻等，要旋转的二维草图。"厚轮廓"选项用于生成壳类旋转体。

（3）**螺纹定义** "螺纹定义"用于生成螺孔时对螺孔部分进行定义，如螺纹直径、螺距和螺纹深度等。在进行上述设置时，其中的例图会随之变化。螺纹在实体中不显示，在工程图中有显示。

4.4.2 孔特征设计案例

支座

1）选择菜单"开始"→"机械设计"→"零件设计"，进入零件设计模块。

2）选择 xy 平面，单击 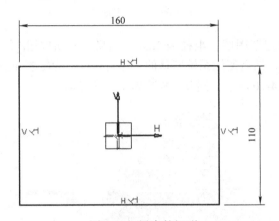，进入草图界面，绘制图 4-72 所示的矩形，以原点为中心。

图 4-72 居中的矩形

3）退出草图界面，进入零件设计界面，单击凸台按钮 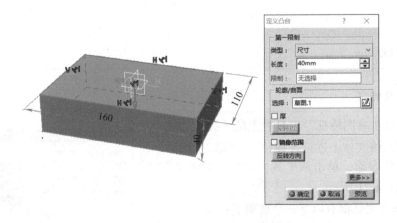，输入长度为 40mm，单击"确定"按钮，如图 4-73 所示。

图 4-73 创建凸台特征

4）单击孔命令 ⊙，弹出图 4-74 所示的对话框，输入直径为 12mm。单击"定位草图" ，进入草图命令，绘制矩形右上角点，此点距两边均为 12.5mm。退出草图，单击"确定"按钮。其余三个孔做法同上，依次绘制三个角点。

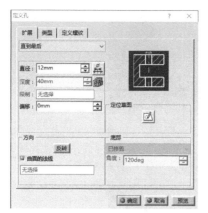
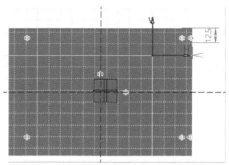

图 4-74 "定义孔"参数

5）单击顶面，进入草图绘制界面，绘制半径为 50mm 的圆，如图 4-75 所示。

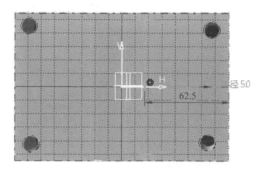

图 4-75 在凸台顶面绘制圆

6）退出草图，单击凸台命令 ，长度为 65mm，单击"确定"按钮，如图 4-76 所示。

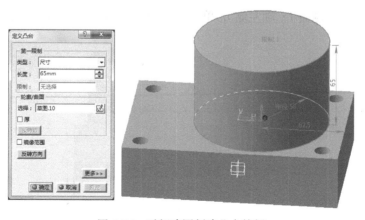

图 4-76 对新建圆创建凸台特征

7）选择长方体底面，进入草图 ，绘制直径为 75mm 的圆，圆心位置为步骤 5）所绘制圆心在底面的投影，如图 4-77 所示。

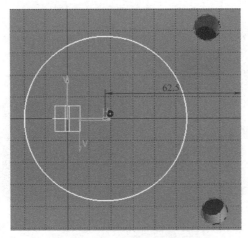

图 4-77　在长方体底面绘制圆

8）退出草图，单击凹槽命令 ▣，弹出图 4-78 所示的对话框，类型为直到最后。

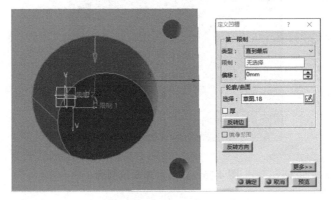

图 4-78　创建凹槽特征

9）单击长方体的侧面（y 轴左侧），单击 ☑，进行草图绘制并约束，如图 4-79 所示。

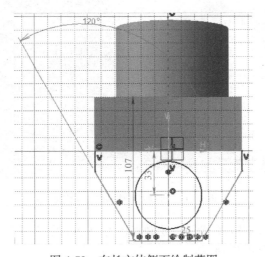

图 4-79　在长方体侧面绘制草图

10）退出草图界面，单击凸台命令 ⁊ ，设置长度为 40mm，单击反转方向，如图 4-80 所示。

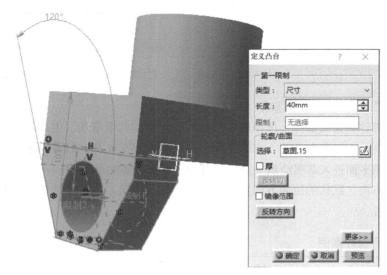

图 4-80 对新建草图创建凸台特征

11）所建支座最后图形如图 4-81 所示。

图 4-81 所建支座最后图形

4.5 实体混合

4.5.1 实体混合创建方法

"基于草图特征"工具栏上的"实体混合"工具下箭头 ，可展开"高级拉伸"工具栏 。

"实体混合"工具用于创建实体混合，即由两个或更多已拉伸的轮廓相交得到的实体。单击该工具按钮，弹出"混合定义"对话框，如图 4-82 所示。

图 4-82 "混合定义"对话框

"混合定义"对话框有以下选项：

（1）**第一部件和第二部件**　选择用于形成混合拉伸的两个草图。生成的实体截面由这两个草图截面所决定。如果在启动"实体混合"命令前未定义轮廓，只需单击对话框中的按钮，再选择绘图平面进入草图绘制平面，即可绘制所需轮廓的草图。

（2）**拉伸方向**　默认的拉伸方向为轮廓平面的法线方向，也可以选择一个参考几何元素作为其拉伸方向。

4.5.2　实体混合设计案例

1）单击"开始"→"机械设计"→"零件设计"，选择 xy 界面，单击，进入草图工作台，单击，绘制草图 1，边长均为 140mm，如图 4-83 所示。

2）退出草图工作台，进入零件设计界面，单击按钮，对草图 1 创建凸台特征，拉伸长度为 30mm，如图 4-84 所示。

3）选择 yz 界面，进入草图工作台，单击样条曲线按钮，绘制草图 2，高为 80mm，底边长为 100mm，注意约束底边与凸台表面相合，如图 4-85 所示。

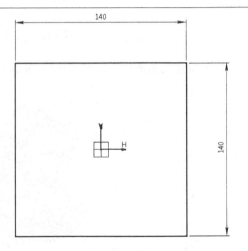

图 4-83　草图 1

图 4-84　创建凸台特征

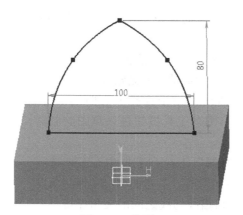

图 4-85　草图 2

4）同理，进入 xz 界面，画出相同要求的草图 3 ，如图 4-86 所示。

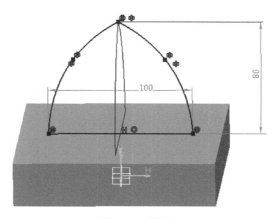

图 4-86　草图 3

5）退出草图工作台，单击按钮 ，进行实体混合特征创建，选择草图 2 与草图 3，得到实体图，如图 4-87 所示。

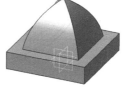

图 4-87　混合特征的创建

4.6　肋特征

4.6.1　创建肋特征

通过"基于草图特征"工具栏上的"肋"工具 ，用于通过将二维轮廓沿扫描线扫描生成三维实体。单击该工具，弹出"肋定义"对话框，如图4-88所示。

"肋定义"对话框有下列选项：

（1）**轮廓** "轮廓"用于选择二维轮廓草图，可通过其旁边的"草图"工具按钮进入草图绘制器，绘制轮廓。

图4-88 "肋定义"对话框

（2）**中心曲线** "中心曲线"用于选择中心曲线（扫描线），也可通过其旁边的"草图"工具按钮进入草图绘制器，绘制中心曲线。

（3）**轮廓控制** "轮廓控制"下拉列表框中有三个选项，分别是"保持角度""拉出方向"和"参考曲面"。"保持角度"表示扫描过程中草图平面与扫描线切线之间的夹角保持不变。"拉出方向"表示按指定的方向扫描轮廓，要定义此方向，可以选择平面、轴线或边线。轮廓平面与选定的方向保持不变，如轮廓平面在 yz 平面上，选定了 Y 轴方向，则轮廓平面始终平行于 Y 轴。"参考曲面"表示轮廓与指定参考曲面之间的夹角保持不变。

4.6.2 肋特征设计案例

1. 鸟笼的绘制

1）选择 xy 坐标面，单击按钮 ▣，进入草图设计模板，单击按钮 ⊙，绘制图4-89所示的草图1，单击 ⬆ 按钮，返回设计模板。

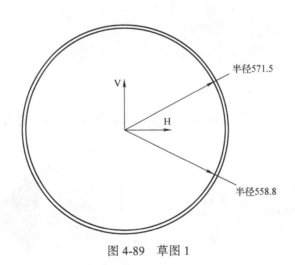

图4-89 草图1

2）单击 ⬚ 按钮，弹出"定义凸台"对话框。选择类型为"尺寸"，长度为254mm，轮廓为"草图.1"，生成凸台1，如图4-90所示。

3）依次单击"开始"→"形状"→"创成式外形设计"，进入创成式外形设计。

4）单击按钮 ▣，弹出图4-91所示的对话框，选择拓展类型为"无拓展"，要提取的元素为"凸台.1的外表面"。单击"确定"按钮，效果图如图4-92所示。

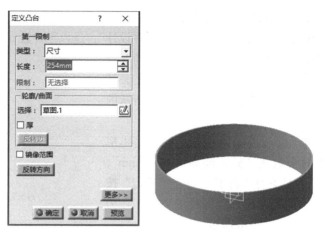

图 4-90 对草图 1 创建凸台 1 特征

图 4-91 "提取定义"对话框

图 4-92 提取结果

5）单击 按钮，弹出图 4-93 所示的"平面定义"对话框。选择"偏移平面"为平面的类型，选择"xy 平面"为参考平面，输入偏移距离为"50.8mm"，生成平面 1。

6）单击按钮 ，选择平面 1，进入草图设计模板。单击按钮 ，绘制图 4-94 所示的直线。单击按钮 ，返回设计模板。

图 4-93 "平面定义"对话框

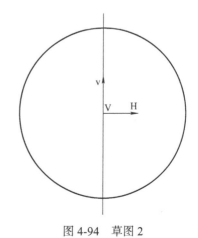

图 4-94 草图 2

7）选择 zx 平面，单击按钮 ，选择平面 1，进入草图设计模板。单击按钮 ，绘制图

4-95 所示的草图 3。单击按钮 ⬆️，返回设计模板。

8）依次单击"开始"→"机械设计"→"零件设计"，进入零件设计。

9）单击 ✎ 按钮，进入图 4-96 所示的"定义肋"对话框，选择轮廓为"草图 3"，中心曲线为"草图 2"，其他为默认设置。单击"确定"按钮，生成图 4-97 所示的肋特征。

10）单击 ⌗ 按钮，进入图 4-98 所示的"定义矩形阵列"对话框，实例个数为"5"，间距为"127mm"，参考元素为"平面 1"，对象为"肋 1"。单击"确定"按钮，生成图 4-99a 所示的矩形阵列。同样的方法，在另外一边生成矩形阵列，如图 4-99b 所示。

图 4-95　草图 3

图 4-96　"定义肋"对话框

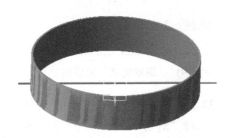

图 4-97　肋 1 的草图

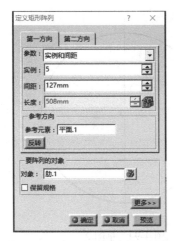

图 4-98　"定义矩形阵列"对话框

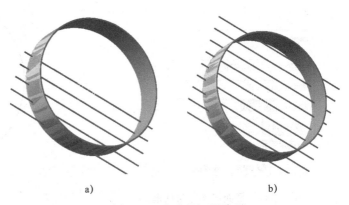

a)　　　　　　　　b)

图 4-99　生成的矩形阵列

11）单击 🔲 按钮，弹出"定义分割"对话框，选择分割元素为"提取 1"，单击"确定"

按钮，生成图形如图 4-100 所示。

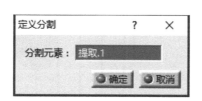

图 4-100　分割图形

12）单击按钮 ，弹出图 4-101 所示的"平面定义"对话框。选择"偏移平面"为平面的类型，选择"xy 平面"为参考平面，输入偏移距离为"1800mm"，生成平面 2。

13）单击按钮 ，选择平面 2，进入草图设计模板。单击 按钮，绘制图 4-102 所示的圆。单击按钮 ，返回设计模板。

图 4-101　"平面定义"对话框

图 4-102　草图 4

14）单击按钮 ，弹出"凸台定义"对话框。选择类型为"尺寸"，长度为 76.2mm，轮廓为"草图 4"，单击"确定"按钮，生成图 4-103 所示的图。

15）单击按钮 ，选择 yz 平面，进入草图设计模板。单击按钮 ，绘制图 4-104 所示的草图。单击按钮 ，返回设计模板。

16）单击按钮 ，选择"凸台 1"的上表面，进入草图设计模板。单击按钮 ，绘制图 4-105 所示的草图。单击按钮 ，返回设计模板。

17）单击 按钮，弹出图 4-106 所示的"定义肋"对话框，选择轮廓为"草图 6"，中心曲线为"草图 5"，其他为默认设置。单击"确定"按钮，生成图 4-107 所示的肋特征。

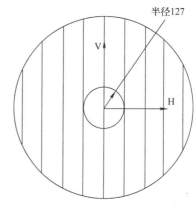

图 4-103　创建凸台 2

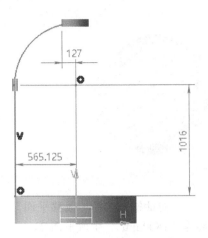

图 4-104　草图 5

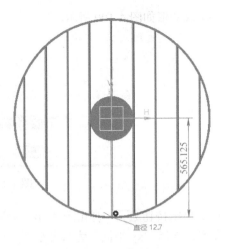

图 4-105　草图 6

图 4-106　"定义肋"对话框

图 4-107　肋 2（一）

18）单击 按钮，进入图 4-108 所示的"定义圆形阵列"对话框，实例个数为"36"，角度间距为"10deg"，参考元素为"凸台 1 的上表面"，对象为"肋 2"。单击"确定"按钮，生成图 4-109 所示的矩形阵列。

图 4-108　"定义圆形阵列"对话框

图 4-109　肋 2（二）

19）单击按钮 ，选择 yz 平面，进入草图设计模板。单击按钮 ，绘制图 4-110 所示的草图。单击按钮 ，返回设计模板。

20）单击按钮 ，弹出"平面定义"对话框。选择"平行通过点"为平面的类型，选择"平面 2"为参考平面，"草图 7 的顶点"为点。单击 按钮，选择平面 3，进入草图设计模板。单击 按钮，绘制图 4-111 所示的圆。单击按钮 ，返回设计模板。

图 4-110 草图 7

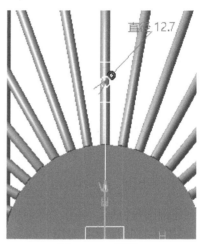

图 4-111 草图 8

21）单击按钮 ，弹出"定义肋"对话框，选择轮廓为"草图 8"，中心曲线为"草图 7"，其他为默认设置。单击"确定"按钮，生成图 4-112 所示的肋特征。

22）右击特征树顶端节点 Part1，在快捷菜单中选择"属性"，弹出图 4-113 所示的"属性"对话框，选择"产品"选项卡，输入零件编号为 niaolong。最后单击按钮 ，保存作图结果。

图 4-112 肋 2（三）

图 4-113 "属性"对话框

2. 管道形状的练习

1）单击"开始"→"机械设计"→"零件设计",单击 yz 进入草图绘制平面,绘制任意三角形(尽量让一个顶点落在原点,方便后面操作),如图 4-114 所示。

2）创建几何体 1。选择"插入"→"几何体"命令,立刻在模型树上看到"几何体 .1"的标识,创建几何体 1 的目的在于将生成的凸台特征置于其中。单击按钮 ，对草图 1 进行拉伸,拉伸长度为 150mm,单击"确定"按钮,结果如图 4-115 所示。

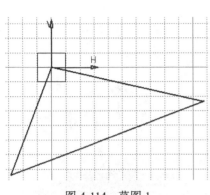

图 4-114　草图 1

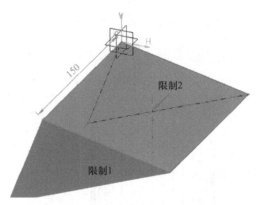

图 4-115　对草图 1 创建凸台特征

3）创建倒圆角特征。单击"修饰特征"工具栏中的倒圆角按钮 ，选中图形三条不相邻的边,如图 4-116a 所示;对图形进行倒圆角操作,半径为 30mm,如图 4-116b 所示;倒圆角后的结果如图 4-116c 所示。

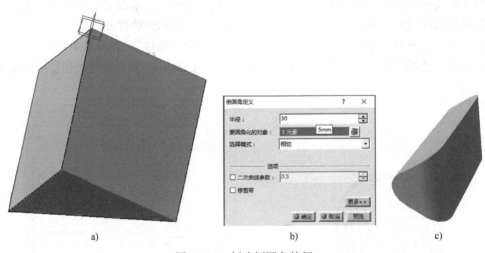

a)　　　　　　　　　　　　b)　　　　　　　　　　　　c)

图 4-116　创建倒圆角特征

4）创建几何体 2。创建方法和步骤 2）一致。创建几何体 2 的目的在于将步骤 7）创建的肋特征和凸台特征彼此独立,便于对凸台特征的隐藏。

5）创建基准平面。单击工具栏中的"平面"按钮 ，弹出"平面定义"对话框,在"平面类型"下拉列表框中选择"曲线的法线"选项,曲线为几何体一条边线,点为该边线的一端点，单击"确定"按钮，完成基准平面的创建，如图 4-117 所示。

6）创建草图 2。选取在平面上图形的某一顶点绘制任意圆（由于之前选择的三角形某一顶点在原点，此处方便操作以原点为圆心画圆），如图 4-118 所示。

图 4-117　创建参考平面

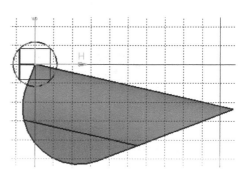

图 4-118　在参考平面上绘制圆

7）创建肋特征。

① 单击"基于草图的特征"工具栏中的"肋"按钮 ，弹出"定义肋"对话框，如图 4-119 所示。在"轮廓"文本框中选择"草图 .2"选项，在"中心曲线"文本框中右击鼠标，在弹出的快捷菜单中选择"创建接合"命令。

② 弹出"接合定义"对话框，如图 4-120 所示。根据图中所示在绘图区按顺序选取轮廓曲线，"要接合的元素"选项区域显示出选取的全部元素，其他选项不用设置，单击"确定"按钮，返回"定义肋"对话框。

③ 单击"定义肋"对话框中的"确定"按钮，创建的肋特征结果如图 4-121 所示。

图 4-119　"定义肋"对话框

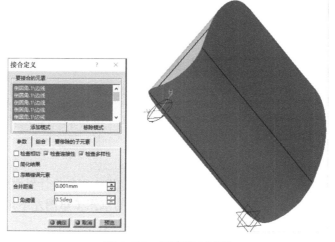

图 4-120　创建接合特征

8）单击"视图"工具栏中的"隐藏 / 显示"按钮，将几何体 1（凸台）隐藏起来，结果绘图区只有几何体 2 特征，如图 4-122 所示。

图 4-121　几何体 1 和几何体 2

图 4-122　几何体 2

4.7　开槽特征

4.7.1　创建开槽特征

通过"基于草图特征"工具栏上的"开槽"工具，用于通过二维轮廓在实体上扫描除料。单击该工具，弹出"开槽定义"对话框，如图 4-123 所示。其设置方法与"肋"设置方法相同，"肋"特征是材料的增加，而"开槽"特征是材料的减少。

图 4-123　"开槽定义"对话框

4.7.2　开槽特征设计案例

1. 螺栓的绘制

1）单击"开始"→"机械设计"→"零件设计"，进入零件设计界面。

2）创建草图。单击 yz 平面，绘制图 4-124 所示的草图（草图左下角为坐标原点），并约束。

图 4-124　草图 1

3）创建旋转体特征。单击"旋转体"按钮，选择"草图 1"为旋转截面，以 Z 轴为旋转轴，如图 4-125 所示，单击"确定"按钮，创建的旋转体特征如图 4-126 所示。

图 4-125　"定义旋转体"对话框

图 4-126　创建的旋转体特征

4）创建倒角特征。单击"倒角"按钮，弹出"倒角定义"对话框，在"方式"下拉列表框中选择"长度 1/ 角度"选项，在"长度 1"数值框中输入"0.45mm"，在"角度"数值框中输入"45deg"，"要倒角的对象"选择图 4-127 所示的倒角边，其他选项保持默认设置，单击"确定"按钮，生成倒角特征。

5）切换工作台。单击"开始"→"机械设计"→"线框和曲面设计"命令，进入"线框和曲面设计对话框"。

图 4-127　倒角特征

6）创建螺旋线。单击"线框"→"曲线"工具栏中的"螺旋线"按钮，在"起点"框中单击右键，选取创建点，在弹出的"点定义"对话框中输入坐标值（3，0，0），如图4-128所示。"轴"为Z轴，"高度"为16mm，"螺距"为1mm，如图4-129所示。

图 4-128　起点的定义

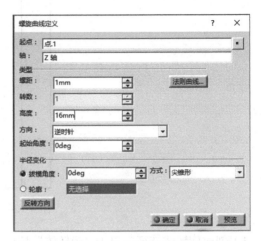

图 4-129　螺旋线的定义

7）创建基准平面1。单击工具栏中的"平面"按钮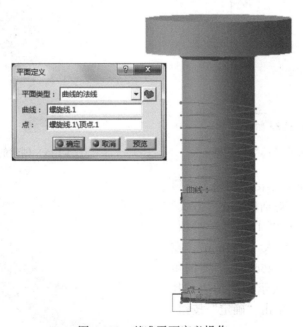，弹出"平面定义"对话框，在"平面类型"下拉框中选择"曲线的法线"选项，"曲线"选择"螺旋线.1"，"点"螺旋线下顶点，如图4-130所示，单击"确定"按钮，完成基准平面的创建。

图 4-130　基准平面定义操作

8）创建草图2。选择基准平面1作为草绘平面，进入草图界面，绘制边长为1mm的等边三角形，三角形的顶点位于H轴上，三角形顶点到V轴的距离为2.375mm，如图4-131所示。

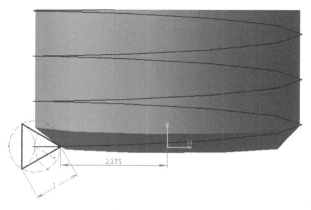

图 4-131 草图 2

9）创建开槽特征。单击"开槽"按钮 ，弹出"定义开槽"对话框，如图 4-132 所示。在"轮廓"文本框中选择"草图.2"选项，"中心曲线"选择"螺旋线.1"选项，"控制轮廓"选择"拉出方向"选项，在"选择"文本框中单击鼠标右键，在弹出的快捷菜单中选择"Z轴"命令，选中"合并开槽的末端"复选框，表示要在螺纹的末端创建尾角特征。设置完毕后单击"确定"按钮，结果如图 4-133 所示。

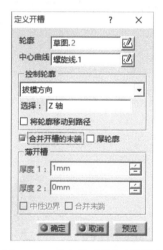

图 4-132 "定义开槽"对话框

图 4-133 开槽特征

10）创建草图 3。选择螺栓的顶面作为草绘平面，单击工具栏中的"草图"按钮 ，进入草图界面，绘制正六边形，如图 4-134 所示，利用"约束"功能将多边形的顶点设置在顶面的圆周上。选中零件顶面圆，进入该圆所在平面，绘制六边形，并与顶面圆进行相合约束。

11）创建倒圆角特征。单击倒圆角按钮 ，弹出"倒圆角定义"对话框，设置倒圆角"半径"为 0.75mm，选择要圆角化的对象，如图 4-135 所

图 4-134 草图 3

示，单击"确定"按钮，结果如图 4-136 所示。

图 4-135　定义倒圆角　　　　　　　　　　　　　图 4-136　倒圆角特征

12）创建凹槽特征。单击工具栏中的"凹槽"按钮，弹出"定义凹槽"对话框，如图 4-137 所示。设置拉伸"深度"为 4mm，单击"反转边"按钮，调整切除材料的方向，单击"确定"按钮，最后的螺栓特征如图 4-138 所示。

图 4-137　"定义凹槽"对话框　　　　　　　　　　图 4-138　螺栓

2. 螺母的绘制

1）单击"开始"→"机械设计"→"零件设计"，进入零件设计界面。

2）创建草图 1。选择 xy 平面，单击进入草图绘制界面，绘制一个半径为 6mm 的圆。

3）创建凸台。单击"凸台"按钮，弹出"定义凸台"对话框，设置"长度"为 4.8mm，单击"确定"按钮，如图 4-139 所示。

图 4-139　草图 1

4）创建倒圆角。单击"倒圆角"按钮，对凸台进行倒圆角操作，半径为 0.9mm，结果如图 4-140 所示。

5）单击"插入"→"几何体"，插入几何体 2。

6）绘制草图 2。单击圆柱顶面的平面，绘制一个外接圆直径为 6mm 的正六边形。

7）创建凸台 2。单击"凸台"按钮，弹出"定义凸台"对话框，设置"长度"为 4.8mm，对正六边形进行拉伸，单击按钮"反转方向"，单击"确定"按钮，如图 4-141 所示。

图 4-140　倒圆角特征

图 4-141　对正六边形进行拉伸

8）隐藏圆柱体。选择圆柱体结构，单击"隐藏"按钮，隐藏圆柱体，得到一个六棱柱，如图 4-142 所示。

9）布尔操作。单击"布尔操作"工具栏中的"相交"按钮，单击六棱柱，单击"确定"按钮，得到图 4-143 所示的图形。

10）创建孔特征。选取图形，单击"孔"按钮，弹出"定义孔"对话框，在对话框下拉列表框中选择"直到最后"，"直径"设为 5.1mm，单击"定位草图"

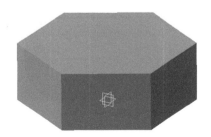

图 4-142　六棱柱

按钮，约束孔的中心与几何体 .2 的中心相合，单击"确定"按钮，如图 4-144 所示。

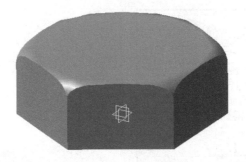

图 4-143　相交后的图形

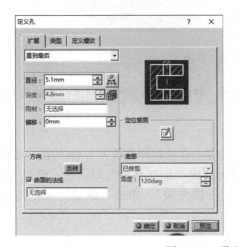

图 4-144　孔的定义

11）转换工作界面。单击"开始"→"机械设计"→"线框和曲面设计"。

12）创建螺旋线。单击"螺旋线"按钮 ，定义起点为（3，0，-2），"轴"选择 Z 轴，"螺距"设为 1mm，"高度"为 10mm，单击"确定"按钮，如图 4-145 所示。

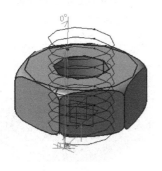

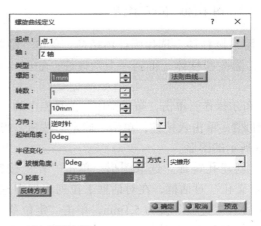

图 4-145　创建螺旋线

13）创建基准平面 1。单击工具栏中的"平面"按钮 ，弹出"平面定义"对话框，在"平面类型"下拉框中选择"曲线的法线"选项，"曲线"选择"螺旋线.1"，"点"螺旋线下顶点，如图 4-146 所示，单击"确定"按钮，完成基准平面的创建。

14）创建正三角形。单击基准平面 1，绘制一个边长为 1mm 的正三角形，约束三角形左顶点与螺纹下顶点相合。

15）转换工作台。单击"开始"→"机械设计"→"零件设计"，进入零件设计表面。

16）创建开槽特征。单击"开槽"按钮 ，弹出"开槽定义"对话框，在"轮廓"文本框中选择"草图.2"选项，"中心曲线"选择"螺旋线.1"选项，"轮廓控制"选择"拉出方向"选项，在"选择"文本框中单击鼠标右键，在弹出的快捷菜单中选择"Z 轴"命令，选中"合并开槽的末端"复选框，表示要在螺纹的末端创建尾角特征。设置完毕后单击"确定"按钮，结果如图 4-147 所示。

图 4-146　创建基准平面

图 4-147　螺母

4.8　加强肋特征

4.8.1　创建加强肋特征

"加强肋"工具用于创建加强肋，即由一个轮廓拉伸生成加强肋。在设计环境中有实体时，该工具按钮可用。草图轮廓可以是封闭的，也可以是不封闭的，若需要使用开放轮廓，需确保现有材料可以完全限制对此轮廓的拉伸。单击该工具按钮，弹出"加强肋定义"对话框，如图 4-148 所示。

"多截面实体定义"对话框有下列设置项目：

（1）**模式** "从侧边"：在平面的垂直方向上拉伸。"从顶部"：在垂直于轮廓平面的方向上拉伸，该选项用于从网状结构中创建加强肋。

（2）**厚度及拉伸方向** 用于定义拉伸的厚度、拉伸方式（单向、双向对称、双向）及拉伸方向。

（3）**光顺修正** "轮廓"用于选择草图轮廓。单击旁边的"草图绘制"按钮，可在"草图绘制器"中修改草图轮廓。

图 4-148　"加强肋定义"对话框

4.8.2 加强肋特征设计案例

创建轴承座的三维模型

1）绘制草图 1。选择 yz 坐标面，单击 按钮，进入草图设计模块，绘制图 4-149 所示的草图 1，单击按钮 ，返回零件设计模块。

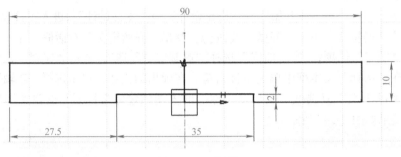

图 4-149 草图 1

2）创建凸台 1。单击 按钮，弹出"定义凸台"对话框，选择"类型"为"尺寸"，"长度"设为 30mm，选择草图 1 为轮廓。单击"确定"按钮，结果如图 4-150 所示。

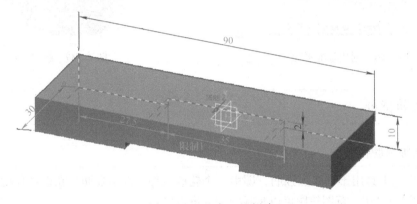

图 4-150 凸台 1 的创建

3）创建倒圆角。单击"倒圆角"按钮 ，选择形体的四个棱边，"半径"设为 7mm，生成四个棱边的圆角，如图 4-151 所示。

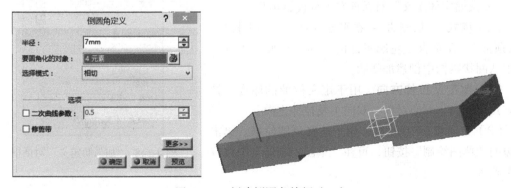

图 4-151 创建倒圆角特征（一）

4）创建倒圆角。单击"倒圆角"按钮 ，选择图 4-152 所示的两个棱边，"半径"设为 1mm，生成两个棱边的圆角。

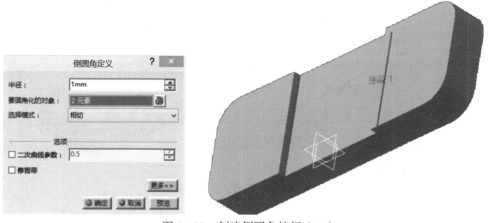

图 4-152　创建倒圆角特征（二）

5）绘制草图 2。选择 yz 坐标面，单击按钮 ，进入草图设计模块，绘制图 4-153 所示的草图 2。单击 按钮，返回零件设计模块。

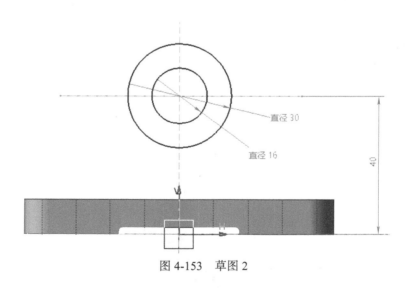

图 4-153　草图 2

6）创建凸台 2。单击"拉伸"按钮 ，"类型"设为"尺寸"，第一限制域"长度"为 25mm，第二限制域"长度"为 5mm，进行双向拉伸，选择草图 2 为轮廓。单击"确定"按钮，结果如图 4-154 所示。

7）绘制草图 3。选择 yz 坐标面，单击按钮 ，进入草图设计模块，绘制图 4-155 所示的草图 3。单击 按钮，返回零件设计模块。

8）创建凸台 3。单击"拉伸"按钮 ，"类型"设为"尺寸"，"长度"为 8mm，选择草图 3 为轮廓。单击"确定"按钮，结果如图 4-156 所示。

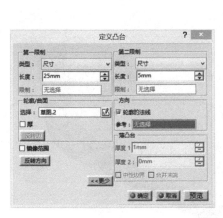

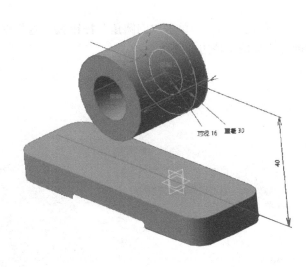

图 4-154　对草图 2 进行拉伸

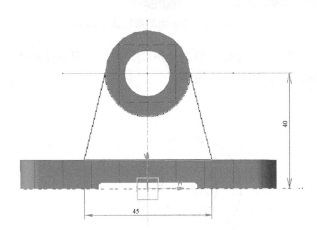

图 4-155　草图 3

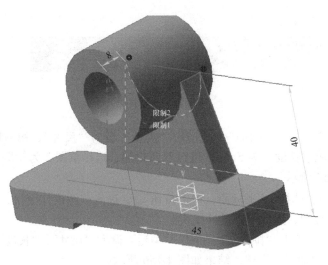

图 4-156　创建凸台 3

9）绘制草图 4。选择 zx 坐标面，单击按钮 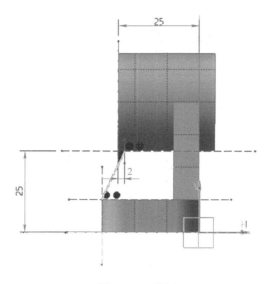，进入草图设计模块，绘制图 4-157 所示的草图 4。单击 按钮，返回零件设计模块。

图 4-157　草图 4

10）创建加强肋特征。单击 按钮，弹出图 4-158 所示的对话框，选择"模式"为"从侧面"，"厚度 1"设为 8mm，选择草图 4 为轮廓，选中"中性边界"复选框，单击"确定"按钮。

11）绘制草图 5。选择凸台 1 的上表面，单击按钮 ，进入草图设计模块，绘制图 4-159 所示的草图 5。单击 按钮，返回零件设计模块。

图 4-158　"定义加强肋"对话框

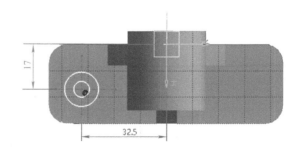

图 4-159　草图 5

12）创建凸台 4。单击"拉伸"按钮 ，弹出"定义凸台"对话框，"类型"设为"尺寸"，"长度"为 2mm，选择草图 5 为轮廓。单击"确定"按钮，结果如图 4-160 所示。

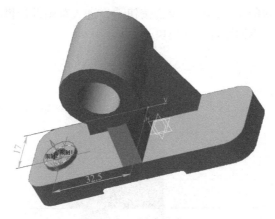

图 4-160   创建凸台 4

13）绘制草图 6。选择凸台 1 的上表面，单击按钮▨，进入草图设计模块，绘制图 4-161 所示的草图 6。单击△按钮，返回零件设计模块。

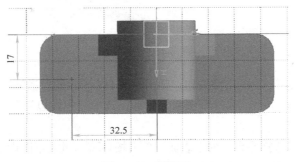

图 4-161   草图 6

14）创建孔特征 1。单击"孔"按钮◉，单击形体的上表面，按照草图 6 所示确定孔的位置，在"扩展"选项卡中选择"直到下一个"，"直径"设为 6mm，单击"确定"按钮，如图 4-162 所示。

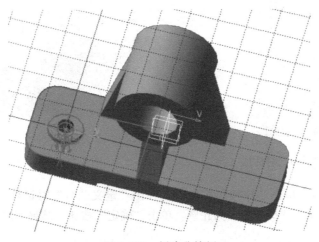

图 4-162   创建孔特征

15）创建镜像特征。选中生成的凸台 4 和孔 1，单击"镜像"按钮 ，选择镜像元素为 zx 平面，单击"确定"按钮，如图 4-163 所示。

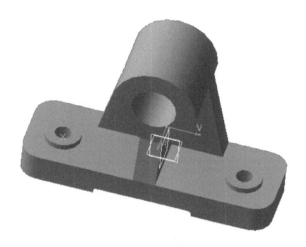

图 4-163　镜像特征的创建

16）创建基准平面 1。单击工具栏中的"平面"按钮 ，弹出"平面定义"对话框，在"平面类型"下拉列表框中选择"偏移平面"选项，"偏移"设为 40mm，单击"确定"按钮，完成基准平面的创建，如图 4-164 所示。

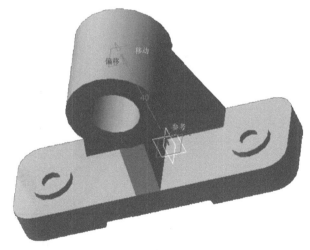

图 4-164　创建基准平面

17）绘制草图 7。选择新建的平面 1，单击 按钮，进入草图设计模块，绘制图 4-165 所示的草图 7。单击 按钮，返回零件设计模块。

18）创建凸台 5。单击 按钮，弹出"凸台定义"对话框，单击"更多"。在第一限制中，选择"类型"为"尺寸"，"长度"为 18mm，选择草图 17 为轮廓。在第二限制中，长度为 -8mm。单击"确定"按钮，如图 4-166 所示。

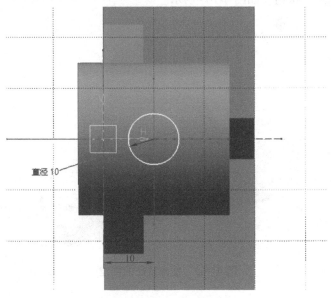

图 4-165　草图 7

图 4-166　创建凸台 5

19）创建孔特征 2。单击"孔"按钮 ，单击形体的上表面，弹出图 4-167 所示的对话框，在"扩展"选项卡中选择"盲孔"，在"扩展"选项卡中选择"直到下一个"，输入"直径"为 2mm，单击"确定"按钮，结果如图 4-167 所示。

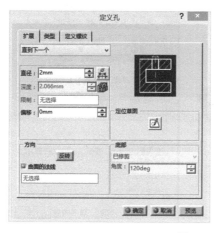

图 4-167　定义孔特征

4.9　多截面实体

4.9.1　创建多截面实体特征

通过"基于草图特征"工具栏上的"多截面实体"工具，通过多个二维轮廓截面按用户定义的脊线或系统自动计算的脊线放样生成实体。单击该工具，弹出"多截面实体定义"对话框，如图 4-168 所示。

"多截面实体定义"对话框有下列设置项目：

（1）**轮廓列表**　"轮廓列表"用于选择一系列的二维轮廓草图截面。需注意各轮廓闭合点应在大体相同的位置，闭合方向要一致。

（2）**放样控制选项卡**　"放样控制选项卡"用于选择"引导线""脊线""耦合"等。通过这些选项可控制放样体的形状。

（3）**光顺参数**　"光顺参数"有两个选项，分别是"角度修正"和"偏差"。"角度修正"光顺作用于任何角度偏差小于 0.5° 的不连续，因此有助于生成质

图 4-168　多截面实体定义对话框

量更好的多截面实体。"偏差"通过轮廓按给定偏差范围，偏离引导曲线对放样移动进行光顺。可用时选择上述两个选项。

4.9.2　已移除多截面实体

通过"基于草图特征"工具栏上的"已移除多截面实体"工具，通过多个二维轮廓截面按用户定义的脊线或系统自动计算的脊线放样在实体上除料。单击该工具，弹出"已移除多截面实体定义"对话框。如图 4-169 所示。其设置方法与"多截面实体定义"相同。

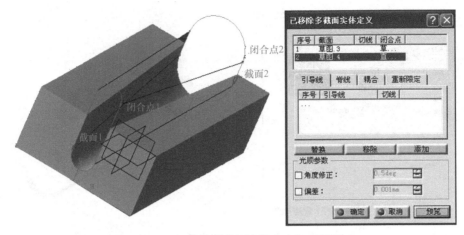

图 4-169 "已移除多截面实体定义"对话框

4.9.3 设计案例

1. 多截面实体特征的三维造型

1）创建草图 1。选择 xy 平面作为草绘平面，单击"草图"按钮 ，进入草图界面，首先创建半径为 60mm 的圆，单击"草图工具"工具栏中的"构造 / 标准元素"按钮 ，将圆设成虚线圆。单击"点"工具栏中的"等分点"按钮 ，将圆八等分，最后绘制正八边形，如图 4-170 所示。

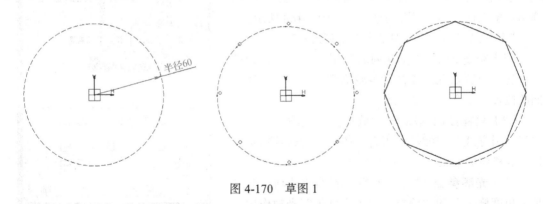

图 4-170 草图 1

2）创建基准平面 1。单击工具栏中"平面"按钮 ，弹出图 4-171 所示的"平面定义"对话框，在"平面类型"下拉列表框中选择"偏移平面"选项，设置"参考"为"xy 平面"，在"偏移"数值框中输入"50mm"（向上偏移），单击"确定"按钮，完成基准平面 1 的创建，如图 4-171 所示。

3）创建草图 2。选择基准平面 1 作为草绘平面，单击"草图"按钮 ，进入草图界面，创建方法同步骤 1），所不同的是外接圆的半径为 30mm，如图 4-172a 所示。单击"旋转"按钮 ，弹出"旋转定义"对话框，如图 4-172b 所示，将绘制好的正八边形绕圆心点旋转22.5°（取消选中"复制模式"复选框），单击"确定"按钮，结果如图 4-172c 所示。

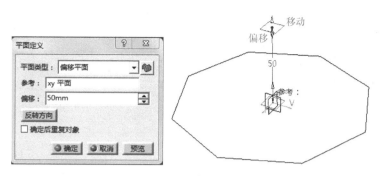

图 4-171　创建基准平面 1

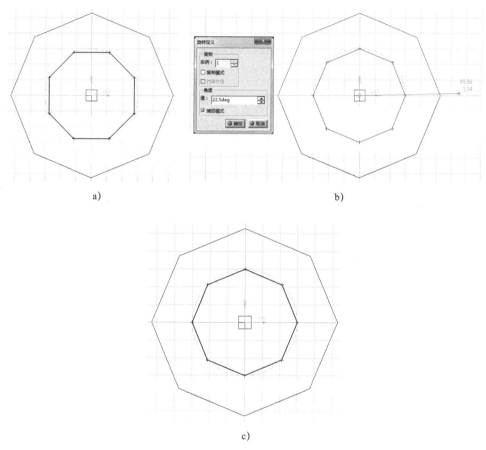

图 4-172　草图 2

4）创建多截面实体。单击"基于草图特征"工具栏上的"多截面实体"工具，弹出"多截面实体定义"对话框，如图 4-173 所示。选择"草图 .1"作为"截面 1"，"草图 .2"作为"截面 2"，在连接方式的"耦合"选项卡中选择"顶点"方式连接，注意"闭合点"的对应关系和连接的方向要一致，其他选项按照默认的设置，单击"确定"按钮，结果如图 4-174 所示。

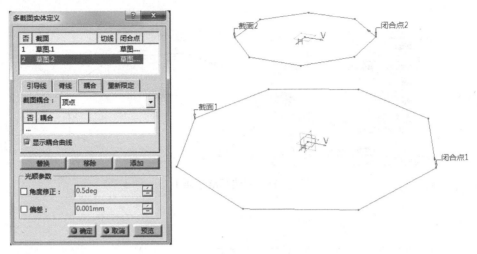

图 4-173 "多截面实体定义"对话框

2. 已移除多截面实体特征案例

1）创建草图 1。选择 xy 平面作为草绘平面，单击"草图"按钮，进入草图界面，绘制图 4-175 所示的草绘图形。

2）创建凸台 1。单击按钮，选择草图 1 作为拉伸截面图形，指定沿着 Z 轴的正向拉伸。设置拉伸长度为 20mm，单击"确定"按钮，结果如图 4-176 所示。

3）创建草图 2。选择 xy 平面作为草绘平面，单击"草图"按钮，进入草图界面，绘制图 4-177 所示的草绘图形，尺寸形状任定。

图 4-174 多截面实体

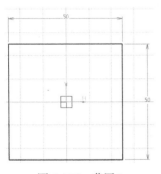

图 4-175 草图 1

图 4-176 凸台 1

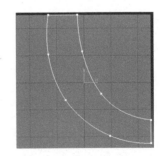

图 4-177 草图 2

4）创建草图 3。选择凸台 1 的一个侧面画一个半圆，约束半圆的两个顶点与草图 2 的两个顶点相合。创建草图 4。选择凸台 1 的另一个侧面画一个半圆，约束半圆的两个顶点与草图 2 的另外两个顶点相合，如图 4-178 所示。

5）创建多截面实体特征。单击"基于草图特征"工具栏上的"已移除多截面实体"工具，弹出"已移除多截面实体定义"对话框，在"引导线"选项卡中选择"草图 .3"和"草图 .4"；在"耦合"选项卡下拉列表框中选择"相切然后曲率"选项，注意闭合的对应关系和方向的一致性，其他按照默认设置，单击"确定"按钮，结果如图 4-179 所示。

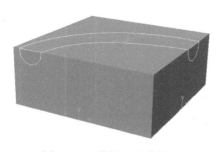

图 4-178　草图 3 和草图 4

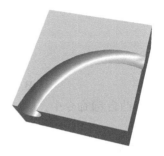

图 4-179　已移除多截面实体特征

本 章 小 结

本章主要讲解 CATIA 零件设计的基础知识，主要内容是基于草图的特征设计，包括凸台拉伸、凹槽特征、旋转体特征、旋转凹槽特征、孔特征、肋特征、开槽特征、实体混合特征和多截面实体特征等。本章的难点是肋特征和多截面实体特征，初学者应按照讲解方法多次进行实例练习。

课 后 练 习

一、选择题

1.零件设计工作台所设计的零件，一般以（　　　）扩展名文件形式存储。

A. *.CATPart   B. *.CATProduct

C. *.Drawing   D. *.Process

2.图 4-180 为扭曲的变截面模型，在零件设计工作台一般用（　　　）命令完成。

图 4-180　扭曲的变截面模型

A.　　　　　　B.　　　　　　C.　　　　　　D.

3.图 4-181 所示的弹簧在零件设计工作台一般用（　　　）命令完成。

图 4-181　弹簧

A. 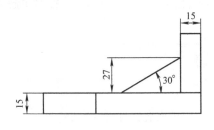　　　　B. 　　　　　　C. 　　　　　D.

4. 在多凸台 命令中，应该选择的元素是（　　　）。

A. 实体　　　　　　　　B. 两个及以上实体

C. 一个实体一个草图　　　D. 草图

5. 命令 （肋）要求选取的两个元素是（　　　）。

A. 两个实体　　　　　　B. 两个草图

C. 一个实体一个草图　　　D. 都可以

6. 经常要对某些部位做加强，CATIA 中一般用以下（　　　）工具做这样的加强肋特征。

A. 　　　　　　　B. 　　　　　　　C. 　　　　　　D.

二、绘制图 4-182 所示的各个实体

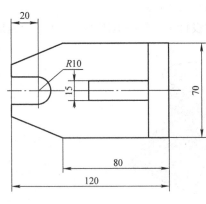

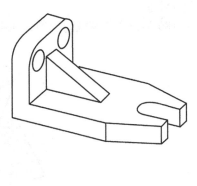

a)

图 4-182　实体图

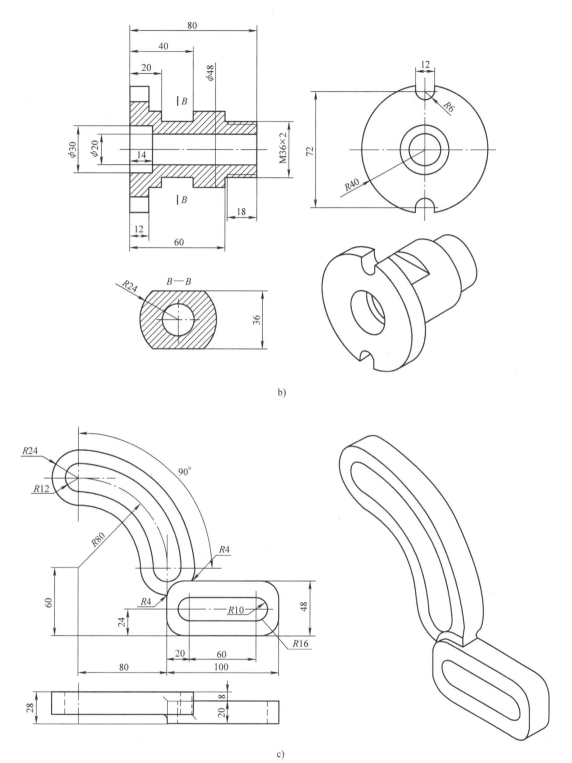

b)

c)

图 4-182 实体图（续）

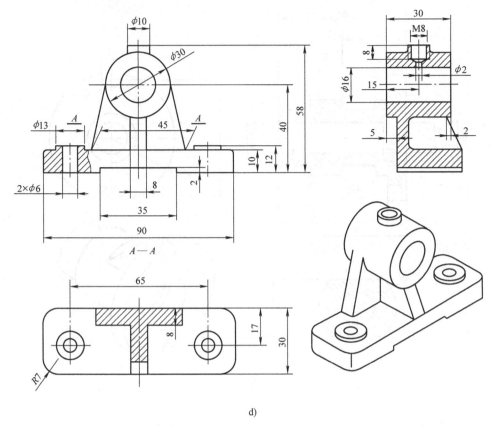

d)

图 4-182 实体图（续）

第 5 章

零件修饰特征设计

基于特征的 CAD 系统可以用参数化设计和变量设计的手段来支持特征的修改，包括定形尺寸、定位尺寸以及特征类型的变化等修改。可以在编辑特征参数数据的基础上，进一步编辑特征，即修改特征参数，或添加、删除某个特征体素。

5.1 倒圆角特征

5.1.1 创建倒圆角特征

通过"修饰特征"工具栏上的"倒圆角"工具，可以对实体进行各种倒圆角操作。单击该工具按钮下箭头，可展开"圆角"工具栏。

1. "倒圆角"工具

"倒圆角"工具用于对两个实体表面进行圆角过渡。在设计环境中有实体时，该工具按钮可用。单击该工具按钮，弹出"倒圆角定义"对话框，如图 5-1 所示。

"倒圆角定义"对话框有如下选项：

（1）**半径** 用于指定圆角半径。

（2）**要圆角化的对象** 选择要进行圆角过渡的对象。

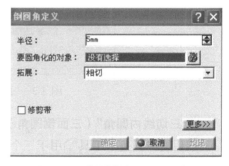

图 5-1 "倒圆角定义"对话框

（3）**拓展** 对选择的过渡对象进行扩展选取。"最小"可以在一定程度上考虑与选定边线相切的边线。"相切"将与对象相切的元素全部选中。"修剪带"如果选择使用"相切"拓展模式，还可以修剪交叠的圆角。

（4）**其他** 单击"更多"按钮，出现附加的选项，可根据需要选择。

2. "可变半径圆角"工具

"可变半径圆角"工具用于以变半径对实体表面进行圆角过渡。在设计环境中有实体时，该工具按钮可用。单击该工具按钮，弹出"可变半径圆角定义"对话框，如图 5-2 所示，有如下选项：

（1）**半径** 用于指定各个控制点的圆角半径。

（2）**对象、拓展、修剪带、变更** 选择要进行圆角过渡的对象、拓展方式、圆角半径变化方式及是否对圆角重叠部分进行修剪。

（3）**其他** 单击"更多"按钮，出现附加的选项，可根据需要选择。其中的"桥接曲面圆角"用于修整不同方向的圆角过渡。

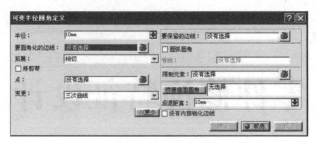

图 5-2 "可变半径圆角定义"对话框

3. "面与面的圆角"工具

"面与面的圆角"工具用于生成面与面的圆角过渡连接。在设计环境中有实体时,该工具按钮可用。单击该工具按钮,弹出"面与面的圆角定义"对话框,如图 5-3 所示,有如下选项:

（1）**半径** 用于指定圆角过渡的半径。

（2）**要圆角化的面** 选择要进行圆角过渡的面。

（3）**其他** 单击"更多"按钮,出现附加的选项,如"限制元素""脊线"等,其含义及应用方法如前所述。

图 5-3 "面与面的圆角定义"对话框

4. "三切线内圆角"（三面倒圆角）工具

"三切线内圆角"工具用于三个面的圆角过渡。在设计环境中有实体时,该工具按钮可用。单击该工具按钮,弹出"三切线内圆角定义"对话框,如图 5-4 所示,有如下选项:

（1）**要圆角化的面** 用于指定圆角过渡的两个面。

（2）**要移除的面** 选择要进行圆角过渡的面。

（3）**其他** 单击"更多"按钮,出现附加的选项"限制元素",其含义及应用方法如前所述。

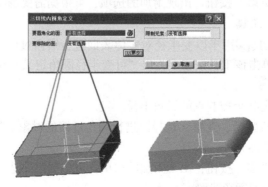

图 5-4 "三切线内圆角定义"对话框

5.1.2 倒圆角特征设计案例

1. 水杯的绘制

1）单击下拉菜单"开始"→"零件设计"，打开新零件的设计界面。

2）创建基准平面 1。单击"平面"按钮 ，弹出"平面定义"对话框，参考平面是 xy 平面，偏移 40mm，如图 5-5 所示。

3）创建基准平面 2，如图 5-6 所示。

图 5-5 平面 1

图 5-6 平面 2

4）绘制草图 1。进入 xy 平面，绘制直径 82mm 的圆，如图 5-7 所示。

5）绘制草图 2。退出 xy 平面，进入平面 1，绘制直径 48mm 的圆，如图 5-8 所示。

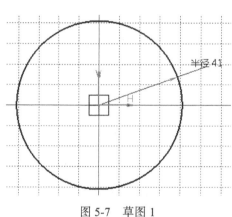

图 5-7 草图 1

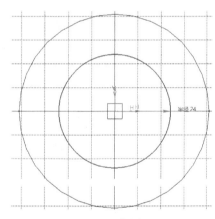

图 5-8 草图 2

6）绘制草图 3。退出平面 1，进入平面 2，绘制直径 32mm 的圆，如图 5-9 所示。

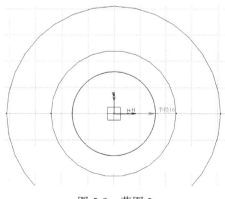

图 5-9 草图 3

7）创建多截面实体特征。单击"基于草图特征"工具栏上的"多截面实体"工具，弹出"多截面实体定义"对话框，如图 5-10 所示。选择"草图 .1"作为"截面 1"，"草图 .2"作为"截面 2"，"草图 .3"作为"截面 3"，在连接方式的"耦合"选项卡中选择"顶点"方式连接，注意"闭合点"的对应关系和连接的方向要一致，其他选项按照默认的设置，单击"确定"按钮，结果如图 5-11 所示。

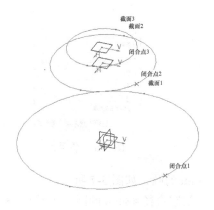

图 5-10　"多截面实体定义"对话框

8）创建倒圆角。单击"倒圆角"按钮，对底边进行倒圆角，如图 5-12 所示。

图 5-11　多截面实体特征　　　　　　　　图 5-12　对底边进行倒圆角

9）创建抽壳特征。单击"抽壳"按钮，定义盒体内侧厚度为 2mm，要移除的面是面 1，如图 5-13 所示。

图 5-13　定义抽壳特征

10）创建三切线内圆角特征。单击"三切线内圆角"按钮，要圆角化的面选择"多截面实体 1"和"盒体 1",要移除的面选择"盒体 .1\ 面 .4",如图 5-14 所示。

图 5-14　定义三切线内圆角特征

11)草图 5。进入 yz 平面,单击"视图"→"渲染样式"→"线框",图形以线框形式显示,以便于绘制水杯手柄。单击"样条线"按钮 〰,绘制图 5-15 所示的手柄。

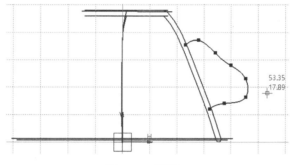

图 5-15　草图 5

12)约束相合。单击"视图"→"渲染样式"→"着色",单击"与 3D 元素相交"按钮 ⬚,如图 5-16 所示。单击"约束"按钮 ⬚,约束样条线的两个端点与一条投影线相合,生成图如图 5-17 所示。

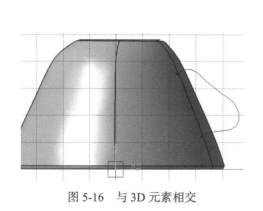

图 5-16　与 3D 元素相交　　　　　　　　　　图 5-17　约束相合

13)创建基准平面 3。单击"平面"按钮 ▱,弹出"平面定义"对话框,参考平面是 xy 平面,如图 5-18 所示。

图 5-18　平面 3

14）创建肋特征。单击平面 3，绘制直径为 2mm 的圆。单击"肋"按钮 ，如图 5-19 所示，轮廓选择刚绘制的圆，中心曲线为草图 5，单击"合并肋的末端"，单击"确定"按钮，如图 5-20 所示。

图 5-19　定义肋特征

图 5-20　水杯

2. 可变半径圆角案例

1）首先任意画一个凸台，单击可变半径圆角按钮 ，弹出图 5-21 所示的对话框。

图 5-21　"可变半径圆角定义"对话框

2）选择需要变化的棱边，此时棱的两端会显示两个点和半径，如图 5-22 所示。

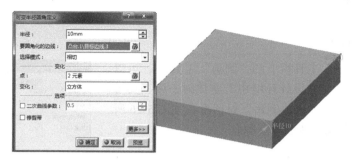

图 5-22 选择棱边

3）双击图形上"半径"，会弹出图 5-23 所示的"参数定义"对话框，在此输入数值可以改变一端的圆角半径。

4）单击图 5-24 所示的按钮可以添加更多需要改变的点。

5）可变半径圆角有两种变化规律，立方体即三次曲线和线性变化，这两种变化只有在两端圆角半径不一样时才会有所体现。立方体的圆角半径呈立方曲线变化，线性则是呈线性变化的。效果如图 5-25 所示。

图 5-23 改变圆角半径

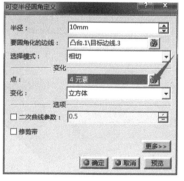

图 5-24 选择需要改变的点

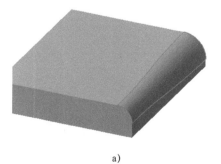

a)

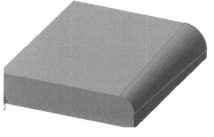

b)

图 5-25 可变半径圆角效果图

a）立方体（三次曲线） b）线性

5.2 倒直角特征

5.2.1 创建倒直角特征

通过"修饰特征"工具栏上的"倒角"工具 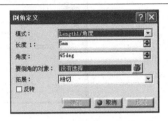，可以对实体进行倒角操作。在设计环境中有实体时，该工具可用，单击该工具按钮，弹出"倒角"对话框，如图 5-26 所示，其设置方法如前面所述倒圆角类似。

图 5-26 "倒角定义"对话框

5.2.2 倒直角特征设计案例

创建正四棱台实体倒直角

1）创建草图。选择 xy 平面作为草绘平面，单击"草图"按钮，进入草图界面，绘制图 5-27 所示的草绘图形。

2）创建凸台特征。单击工具栏中的"凸台"按钮，选择创建的草图作为拉伸截面图形，设置拉伸长度为 60mm，单击"确定"按钮，结果如图 5-28 所示。

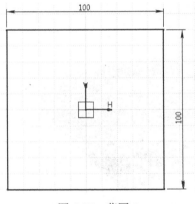

图 5-27 草图 1

图 5-28 凸台 1

3）创建倒角特征。单击"倒角"按钮，弹出"定义倒角"对话框，设置参数如图 5-29 所示，要倒角的对象选择长方体顶面的四条边。单击"确定"按钮，完成正四棱台实体的创建，结果如图 5-30 所示。

图 5-29 "定义倒角"对话框

图 5-30 倒角后的正四棱台

5.3　拔模特征

5.3.1　创建拔模特征

通过"修饰特征"工具栏上的"拔模"工具，可以对实体进行各种拔模操作。单击该工具按钮下箭头，可展开"拔模"工具栏。

1."拔模"工具

"拔模"工具用于生成实体表面上的拔模斜度。在设计环境中有实体时，该工具可用，单击该工具按钮，弹出"拔模定义"对话框，如图 5-31 所示。

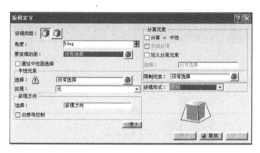

图 5-31　"拔模定义"对话框（一）

"拔模定义"对话框有如下选项：

（1）拔模类型　选择按"常量"方式或"变量"方式拔模。

（2）角度、要拔模的面、通过中性面选择　"角度"指定拔模角；"要拔模的面"选择要拔模的面，或由中性面自动选择要拔模的面（与中性面相接的面）；"通过中性面选择"指定中性面。

（3）拔模方向　指定拔模方向。

（4）其他　单击"更多"按钮，出现附加的选项，如分离元素、限制元素等。可根据需要选择。

2."可变角度拔模"工具

"可变角度拔模"工具用于生成实体表面上变化的拔模斜度。在设计环境中有实体时，该工具可用，单击该工具按钮，弹出"拔模定义"对话框，如图 5-32 所示。该拔模方式也可从上述"拔模定义"对话框/"拔模类型"/"变量"激活。其操作可参考拔模与"可变半径圆角"的相关操作。

图 5-32　"拔模定义"对话框（二）

3. "拔模反射线"工具

"拔模反射线"工具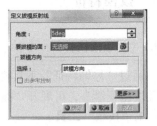用于通过将反射线（系统自动检测到的拔模面与曲面的切线）用作中性线来进行拔模。在设计环境中有实体时，该工具可用，单击该工具按钮，弹出"定义拔模反射线"对话框，如图 5-33 所示。

图 5-33　"定义拔模反射线"对话框

5.3.2　拔模特征设计案例

1. 连杆三维模型的创建

1）创建草图。选择 xy 平面作为草绘平面，单击"草图"按钮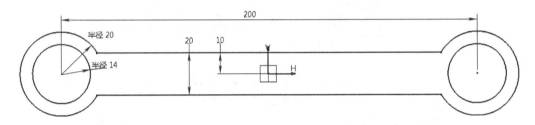，进入草图界面，绘制图 5-34 所示的草绘图形。

图 5-34　草图 1

2）创建凸台特征。单击工具栏中的"凸台"按钮，选择创建的草图 1 作为拉伸截面图形，设置拉伸长度为 6mm，单击"确定"按钮，结果如图 5-35 所示。

3）创建倒圆角。单击倒圆角按钮，选择图 5-36 中所示的四条棱边，圆角半径为 5mm。单击"确定"按钮，完成倒圆角的创建。

图 5-35　凸台 1　　　　　　　　　　图 5-36　倒圆角

4）绘制草图 2。选择连杆的上表面，单击按钮，进入草图绘制界面，绘制图 5-37 所示的草图。

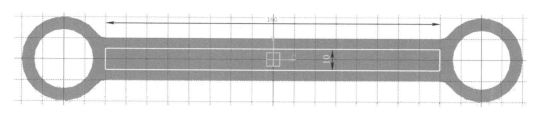

图 5-37　草图 2

5）创建凹槽特征。单击"拔模圆角凹槽"按钮 ，弹出图 5-38 所示的对话框，注意"第二限制"选择上表面，单击"确定"按钮，结果如图 5-39 所示。

图 5-38　"定义拔模圆角凹槽"对话框

图 5-39　拔模圆角凹槽后的连杆

6）创建拔模特征。单击"拔模"按钮 ，弹出图 5-40 所示的对话框，拔模"角度"为"5deg"，要拔模的面为连杆的侧壁，中性面选择连杆的上表面，拔模方向为自动给定的方向，单击"确定"按钮，连杆的上表面不变，下表面变大。

图 5-40　"定义拔模"对话框

7）创建倒圆角。单击"倒圆角"按钮 ，选择连杆上表面外棱，圆角半径为 1mm，单击"确定"按钮。

8）创建镜像特征。单击"镜像"按钮 🗝，"镜像元素"选择连杆的下表面，单击"确定"按钮，完成连杆的创建，如图 5-41 所示。

2. 拔模反射线的练习

1）创建草图 1。选择 zx 平面作为草绘平面，单击"草图"按钮 🖊，进入草图界面，绘制图 5-42 所示的草绘图形。

图 5-41　连杆

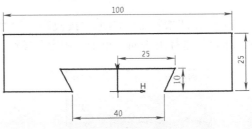

图 5-42　草图 1

2）创建凸台特征 1。单击工具栏中的"凸台"按钮 🗗，选择创建的草图 1 作为拉伸截面图形，设置拉伸长度为 40mm，单击"确定"按钮，结果如图 5-43 所示。

3）绘制草图 2。选择 zx 平面作为草绘平面，单击"草图"按钮 🖊，进入草图界面，绘制图 5-44 所示的草绘图形。

图 5-43　凸台 1

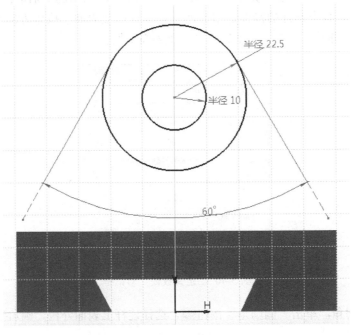

图 5-44　草图 2

4）创建凸台特征 2。单击工具栏中的"凸台"按钮 ，选择创建的草图 2 作为拉伸截面图形，设置"第一限制"选项区域中的"长度"为 30mm，设置"第二限制"选项区域中的"长度"为 10mm，单击"确定"按钮，形成圆筒特征，如图 5-45 所示。

5）创建支撑板。单击"拔模反射线"按钮，弹出"定义拔模反射线"对话框并展开，如图 5-46 所示。参数设置如下：

角度：30deg。

要拔模的面：选择圆筒的外表面。

拔模方向：由系统自动选取。

定义分离元素：选择底板的顶面。

限制元素：共创建两个限制面。在该文本框中右击鼠标，在弹出的快捷菜单中选择"创建平面"

图 5-45　凸台 2

命令，"限制面 1"为圆筒的最右面，"限制面 2"为底板的最左面。单击"定义拔模反射线"对话框中的"确定"按钮，完成支撑板结构的创建，如图 5-47 所示。

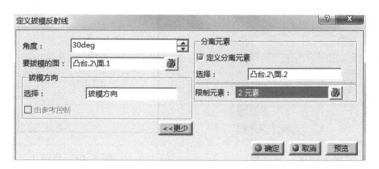

图 5-46　"定义拔模反射线"对话框

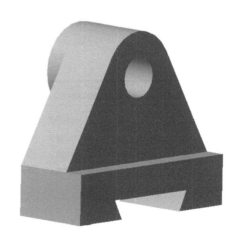

图 5-47　支撑板结构的创建

5.4 抽壳特征

5.4.1 创建抽壳特征

通过"修饰特征"工具栏上的"盒体"工具 ，可以对实体进行各种抽壳操作。在设计环境中有实体时，该工具可用，单击该工具按钮，弹出"定义盒体"对话框，如图 5-48 所示。

5.4.2 抽壳特征设计案例

盒体特征的创建

1）绘制草图 1。选择 xy 平面作为草绘平面，单击"草图"按钮 ，进入草图界面，绘制图 5-49 所示的草绘图形。

2）创建凸台 1。单击工具栏中的"凸台"按钮 ，选择创建的草图 1 作为拉伸截面图形，设置拉伸长度为 50mm，单击"确定"按钮，结果如图 5-50 所示。

图 5-48 "定义盒体"对话框

图 5-49 草图 1

3）创建抽壳特征。单击"盒体"按钮 ，弹出"定义盒体"对话框，如图 5-51 所示。设置参数如下：

默认内侧厚度：设置为 3mm。

默认外侧厚度：不需要设置。

图 5-50 凸台 1

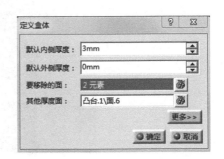

图 5-51 "定义盒体"对话框

要移除的面：选择图 5-52 所示的移除面 1 和移除面 2。

其他厚度面：选择图 5-52 所示的右端面，将厚度尺寸 3mm 改为 8mm。

单击"抽壳定义"对话框中的"确定"按钮，创建的抽壳特征如图 5-53 所示。

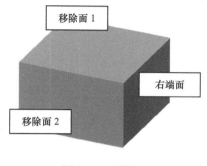

图 5-52　选择面

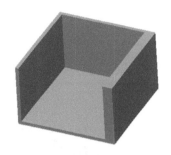

图 5-53　抽壳特征

5.5　增减厚度特征

5.5.1　创建增减厚度特征

通过"修饰特征"工具栏上的"厚度"工具，可以对实体表面进行加厚操作。在设计环境中有实体时，该工具可用，单击该工具按钮，弹出"厚度定义"对话框，如图 5-54 所示。

5.5.2　增减厚度特征设计案例

对圆柱体进行加减厚操作

1）绘制草图 1。选择 xy 平面作为草绘平面，单击"草图"按钮，进入草图界面，绘制图 5-55 所示的草绘图形。

图 5-54　"厚度定义"对话框

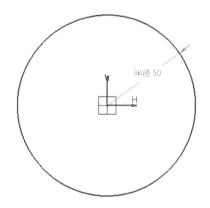

图 5-55　草图 1

2）创建凸台 1。单击工具栏中的"凸台"按钮，选择创建的草图 1 作为拉伸截面图形，设置拉伸长度为 10mm，单击"确定"按钮，结果如图 5-56 所示。

3）绘制草图 2。选择凸台 1 上表面作为草绘平面，单击"草图"按钮，进入草图界面，绘制图 5-57 所示的草绘图形。

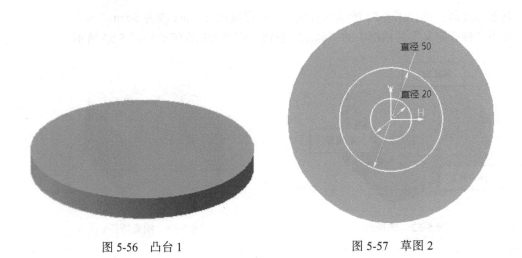

图 5-56 凸台 1　　　　　　　　　　图 5-57 草图 2

4）创建凸台 2。单击工具栏中的"凸台"按钮 ⚑，选择创建的草图 2 作为拉伸截面图形，设置拉伸长度为 50mm，单击"确定"按钮，结果如图 5-58a 所示。

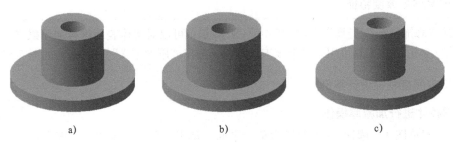

a)　　　　　　　　　b)　　　　　　　　　c)

图 5-58 圆柱体加减厚特征

a）实体　b）加厚特征　c）减厚特征

5）创建加厚特征。单击"厚度"按钮 ▦，弹出"定义厚度"对话框，如图 5-59 所示。设置参数"默认厚度"：5mm，"默认厚度面"：选择凸台 2 圆柱面。单击"确定"按钮，结果如图 5-58b 所示。

6）创建减厚特征。单击"厚度"按钮 ▦，弹出"定义厚度"对话框，设置参数"默认厚度"：–5mm，"默认厚度面"：选择凸台 2 圆柱面。单击"确定"按钮，结果如图 5-58c 所示。

图 5-59 "定义厚度"对话框

5.6 螺纹特征

5.6.1 创建螺纹特征

通过"修饰特征"工具栏上的"内螺纹 / 外螺纹"按钮 ⊕，可以对轴 / 孔类实体添加螺纹操作。在设计环境中有实体时，该工具可用，单击该工具按钮，弹出"螺纹 / 丝锥定义"对话框，如图 5-60 所示。其操作方法与螺孔的操作相似。生成的螺纹在实体上不显示，在工程图上有显示。

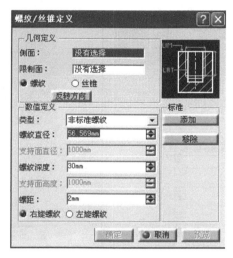

图 5-60 "螺纹 / 丝锥定义"对话框

5.6.2 螺纹特征设计案例

在圆柱面上创建外螺纹

1）绘制草图 1。选择 xy 平面作为草绘平面，单击"草图"按钮 ⧉，进入草图界面，绘制图 5-55 所示的草绘图形。

2）创建凸台 1。单击工具栏中的"凸台"按钮 ⧉，选择创建的草图 1 作为拉伸截面图形，设置拉伸长度为 10mm，单击"确定"按钮，结果如图 5-56 所示。

3）绘制草图 2。选择凸台 1 上表面作为草绘平面，单击"草图"按钮 ⧉，进入草图界面，绘制一个直径为 36mm 的圆。

4）创建凸台 2。单击工具栏中的"凸台"按钮 ⧉，选择创建的草图 2 作为拉伸截面图形，设置拉伸长度为 100mm，单击"确定"按钮，结果如图 5-61 所示。

图 5-61 凸台 2

5）创建外螺纹。单击"内螺纹 / 外螺纹"按钮 ⊕，弹出"定义外螺纹 / 内螺纹"对话框，如图 5-62 所示。设置参数如下：

侧面：选择凸台 2 的圆柱面。

限制面：选择凸台 2 的顶面。

数值定义：选择非标准螺纹。

外螺纹深度：80mm。

螺距：2mm。

其他选项接受系统默认的设置，单击"确定"按钮，完成外螺纹的创建。

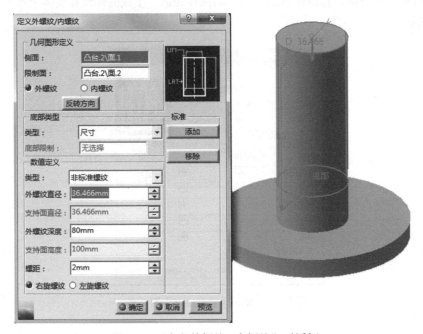

图 5-62　"定义外螺纹 / 内螺纹"对话框

5.7　移除面特征

5.7.1　创建移除面特征

通过"修饰特征"工具栏上的"移除面 / 替换面"工具 ![icon]，用于对选定的对象进行面删除或替换操作。单击该工具按钮下箭头，可展开"移除面 / 替换面"工具栏 ![icon]。

1."移除面"工具

"移除面"工具 ![icon]用于对选定对象进行面删除操作。在设计环境中有实体时，该工具可用，单击该工具按钮，弹出"移除面定义"对话框，如图 5-63 所示。

2."替换面"工具

"替换面"工具 ![icon]用于对选定对象进行替换面操

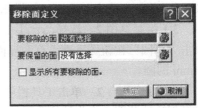

图 5-63　"移除面定义"对话框

作。在设计环境中有实体时，该工具可用，单击该工具按钮，弹出"替换面定义"对话框，如图 5-64 所示。

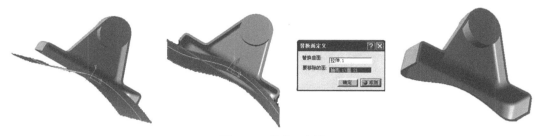

图 5-64 替换面操作

5.7.2 "移除面/替换面"特征设计案例

1."移除面"特征设计

1）绘制草图 1。选择 xy 平面作为草绘平面，单击"草图"按钮，进入草图界面，绘制图 5-65 所示的草绘图形。

2）创建凸台 1。单击工具栏中的"凸台"按钮，选择创建的草图 1 作为拉伸截面图形，设置拉伸长度为 10mm，单击"确定"按钮，结果如图 5-66 所示。

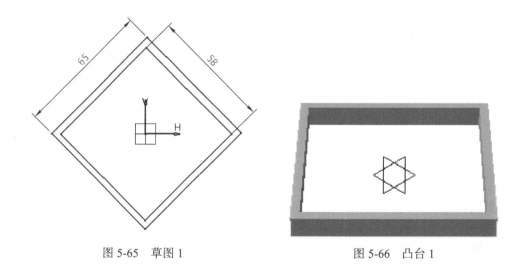

图 5-65 草图 1　　　　　　　　　　　　图 5-66 凸台 1

3）绘制草图 2。选择 xy 平面作为草绘平面，单击"草图"按钮，进入草图界面，绘制图 5-67 所示的草图。

4）创建凸台 2。单击工具栏中的"凸台"按钮，选择创建的草图 2 作为拉伸截面图形，设置拉伸长度为 10mm，单击"确定"按钮，结果如图 5-68 所示。

5）创建移除面特征 1。单击"移除面"按钮，弹出"移除面定义"对话框。选择图 5-69 所示图形中的四个竖直面作为移除面，单击"确定"按钮，创建的移除面特征 1 如图 5-70 所示。

6）创建移除面特征 2。单击"移除面"按钮，弹出"移除面定义"对话框。选择图 5-70 所示图形中的两个竖直面作为移除面，单击"确定"按钮，创建的移除面特征 2 如图 5-71 所示。

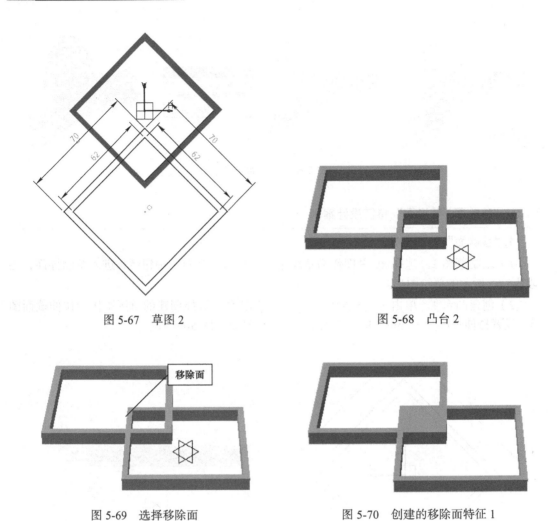

图 5-67　草图 2　　　　　　　　　　　图 5-68　凸台 2

图 5-69　选择移除面　　　　　　　　　图 5-70　创建的移除面特征 1

7）创建移除面特征 3。单击"移除面"按钮 ，弹出"移除面定义"对话框。选择图 5-71 所示图形中的两个竖直面作为移除面，单击"确定"按钮，创建的移除面特征 3 如图 5-72 所示。

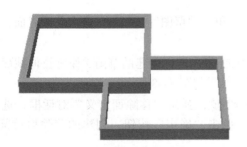

图 5-71　创建的移除面特征 2

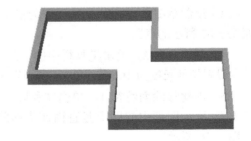

图 5-72　创建的移除面特征 3

2. "替换面"特征设计

1）绘制草图 1。选择 xy 平面作为草绘平面，单击"草图"按钮 ，进入草图界面，绘制图 5-73 所示的草绘图形。

2）创建凸台 1。单击工具栏中的"凸台"按钮，选择创建的草图 1 作为拉伸截面图形，设置拉伸长度为 10mm，单击"确定"按钮，结果如图 5-74 所示。

3）绘制草图 2。选择 xy 平面作为草绘平面，单击"草图"按钮，进入草图界面，单击"样条线"按钮，绘制图 5-75 所示的草绘图形，形状可以任定。

4）创建曲面特征。切换工作台，单击"开始"→"形状"→"创成式外形设计"，单击"拉伸"按钮，结果如图 5-76 所示。

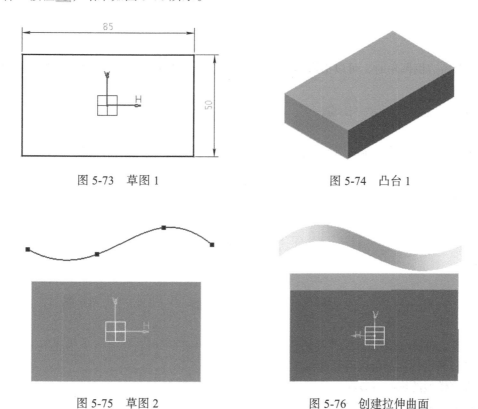

图 5-73　草图 1　　　　　　　　　　　　　　图 5-74　凸台 1

图 5-75　草图 2　　　　　　　　　　　　　　图 5-76　创建拉伸曲面

5）创建替换面。单击"替换面"按钮，弹出"定义替换面"对话框，如图 5-77 所示，"替换曲面"为拉伸曲面，"要移除的面"为凸台 1 的顶面。单击"确定"按钮，如图 5-78 所示。

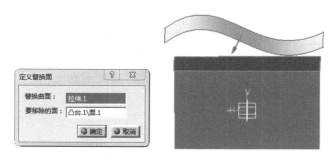

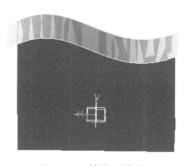

图 5-77　"定义替换面"对话框　　　　　　　图 5-78　替换面特征

本 章 小 结

修饰特征是在不改变零件基本轮廓的前提下，对零部件进行后期处理与再加工的一种建模方式。本章主要讲述了倒圆角、倒角、拔模、抽壳、厚度、内螺纹/外螺纹和移除面/替换面九个指令。本章以简要的理论讲解为基础，重点通过实例来讲解知识点，掌握指令的应用、操作方法和相关注意事项。

课 后 练 习

一、选择题

1.在对棱边倒圆角时，可以沿圆角棱边的方向用不同的圆角半径对棱边进行圆角的命令图标是（　　）。

A. ![图标] B. ![图标] C. ![图标] D. ![图标]

2.如下图所示，长方体的四周已经倒过圆角，以下命令中（　　）能够去除倒角。

A. ![图标] B. ![图标] C. ![图标] D. ![图标]

3.关于 CATIA 实体设计工作台用 ![图标] 工具加了螺纹特征的螺钉，（　　）描述不正确。
A. 螺钉模型视觉上可以看到螺纹
B. 螺钉模型的螺纹可以在工程图中正确地投射出来
C. 螺钉模型视觉上不可以看到螺纹
D. 螺钉模型螺纹参数可以用 ![图标] 工具查看

4.在零件设计工作台中，不属于基于草图特征工具栏的命令是（　　）。

A. ![图标] B. ![图标] C. ![图标] D. ![图标]

5.创建盒体（抽壳）![图标] 特征时，_____设定多个移除面，给不同的表面_____设置不同的厚度。（　　）
　　A.可以　不能　　　B.不能　可以　　　C.可以　可以　　　D.不能　不能

二、绘制图 5-79 所示的各个实体

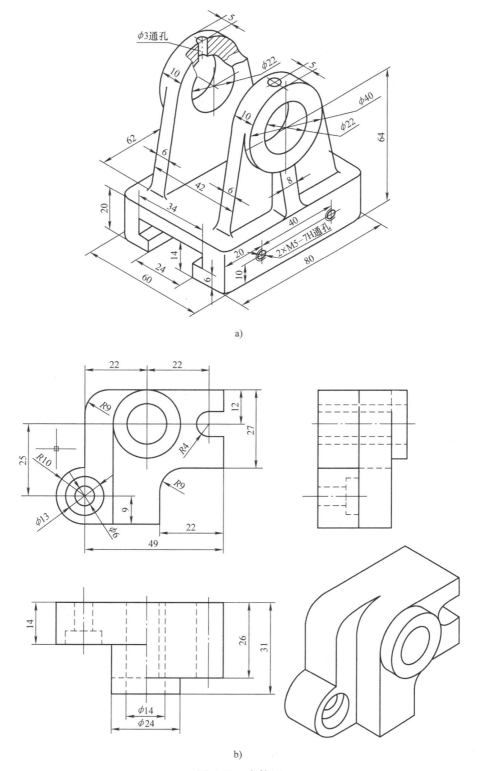

a)

b)

图 5-79　实体图

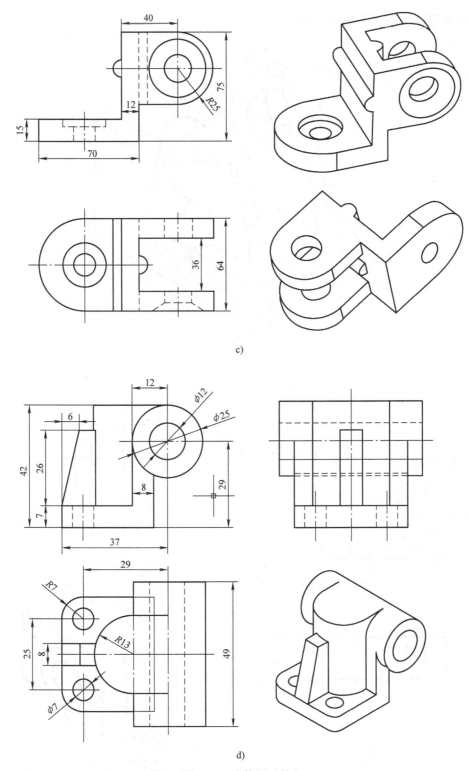

c)

d)

图 5-79　实体图（续）

第6章

零件变换特征设计

6.1 平移特征

零件"变换特征"是对已经生成的零件特征进行位置转换和复制等操作，在零件设计时经常用到。"变换特征"是典型的实体编辑工具，属于辅助建模指令之一，但在建模中能够简化操作步骤，提高建模效率，具有不可忽视的重要作用。

6.1.1 创建平移特征

单击"变换特征"工具栏上的"变换"工具下拉箭头 🔧，可展开"变换"工具栏。

在设计环境中有实体时，单击"平移"工具 🔧，先弹出一个"问题"信息框，选择"是"后，弹出"平移定义"对话框，其中提供了以下三种平移方式：

（1）方向、距离　在"平移定义"对话框"向量定义"下拉列表框中选择"方向、距离"，如图 6-1 所示。选择平移方向，设置平移距离，即可完成零件特征的平移。

（2）点至点　在"平移定义"对话框"向量定义"下拉列表框中选择"点至点"，如图 6-2 所示。依次选择起点与终点，即可完成零件特征的平移。

（3）坐标　在"平移定义"对话框"向量定义"下拉列表框中选择"坐标"，如图 6-3 所示。依次设置各个坐标的偏移分量，即可完成零件特征的平移。

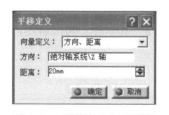

图 6-1　"平移定义"对话框　图 6-2　点至点"平移定义"对话框　图 6-3　坐标"平移定义"对话框

6.1.2 平移特征设计案例

创建零部件相对平移的练习

1）创建草图 1。选择 xy 平面作为草绘平面，单击"草图"按钮 ☑，进入草图界面，绘制图 6-4 所示的草绘图形。

2）创建凸台 1。单击按钮 ☑，选择草图 1 作为拉伸截面图形，指定沿着 Z 轴的正向拉伸。设置拉伸长度为 20mm，单击"确定"按钮，结果如图 6-5 所示。

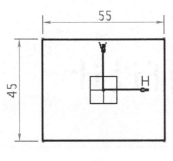

图 6-4　草图 1

图 6-5　凸台 1

3）创建几何体 2。单击"插入"→"几何体"，目的是创建两个独立的零部件。

4）创建草图 2。选择 xy 平面作为草绘平面，单击"草图"按钮，进入草图界面，绘制图 6-6 所示的草绘图形。

5）创建凸台 2。单击按钮，选择草图 1 作为拉伸截面图形，指定沿着 Z 轴的正向拉伸。设置拉伸长度为 20mm，单击"确定"按钮，结果如图 6-7 所示。

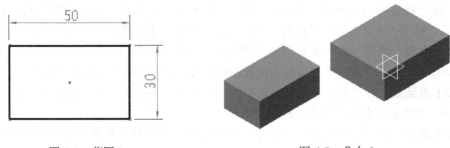

图 6-6　草图 2

图 6-7　凸台 2

6）创建平移特征。单击"平移"按钮，弹出"平移定义"对话框，参数设置"向量定义"选择方向、距离，"方向"选择 xy 平面，"距离"设为 50mm，如图 6-8 所示，单击"确定"按钮，即完成零部件的相对平移，如图 6-9 所示，可以和图 6-7 相对比，可以看出凸台 2 进行了明显的平移。

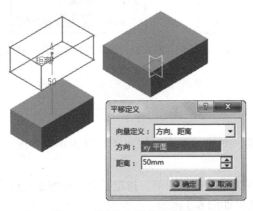

图 6-8　"平移"特征的创建

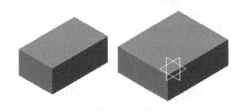

图 6-9　平移后的零部件

6.2 旋转特征

6.2.1 创建旋转特征

在设计环境中有实体时，单击"旋转"工具 ，先弹出一个"问题"信息框，选择"是"后，弹出"旋转定义"对话框，其中提供了以下三种旋转方式：

（1）**轴线 - 角度** 在"旋转定义"对话框"定义模式"下拉列表框中选择"轴线 - 角度"，如图 6-10 所示。选择轴线，设置旋转角度，即可完成零件特征的旋转。

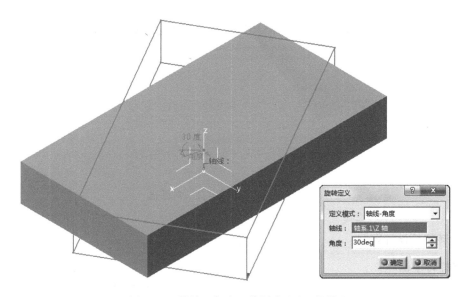

图 6-10 轴线 - 角度"旋转定义"对话框

（2）**轴线 - 两个元素** 在"旋转定义"对话框"定义模式"下拉列表框中选择"轴线 - 两个元素"，如图 6-11 所示。选择轴线，再依次选择两个元素，如点、线、面，即可完成零件特征的旋转。

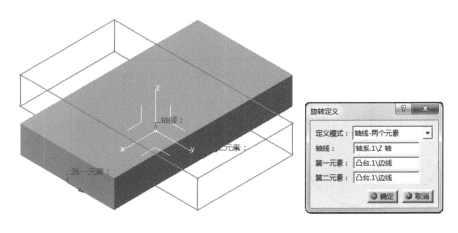

图 6-11 轴线 - 两个元素"旋转定义"对话框

（3）**三点** 在"旋转定义"对话框"定义模式"下拉列表框中选择"三点"，如图 6-12 所示。依次选择三个点，其中三点平面的法线方向为旋转轴的方向，旋转轴过第二点，旋转角度由"点 1-点 2 向量"与"点 2-点 3 向量"确定。

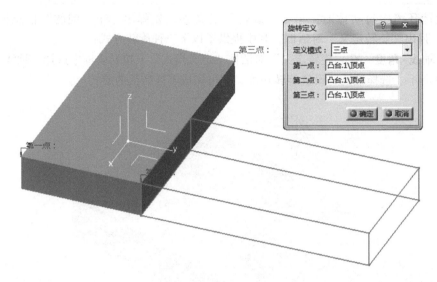

图 6-12　三点"旋转定义"对话框

6.2.2　旋转特征设计案例

创建旋转楼梯

1）选择设计工作平台。选择"开始"→"机械设计"→"零件设计"命令，进入"零件设计"工作平台。

2）创建草图 1。选择 xy 平面作为草绘平面，单击"草图"按钮，进入草图界面，绘制图 6-13 所示的草绘图形。

3）创建拉伸特征 1。单击拉伸按钮，弹出"拉伸定义"对话框，设置"拉伸长度"为 100mm，单击"确定"按钮，结果如图 6-14 所示。

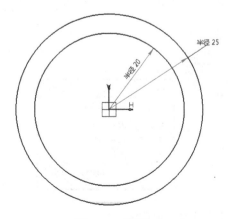

图 6-13　草图 1

图 6-14　立柱

4）创建草图 2。选择 xy 平面作为草绘平面，单击"草图"按钮，进入草图界面，绘制图 6-15 所示的草绘图形。

5）创建楼梯板。单击拉伸按钮，弹出"拉伸定义"对话框，选择草图 2 作为拉伸截面，设置拉伸长度为 5mm，单击"确定"按钮，结果如图 6-16 所示。

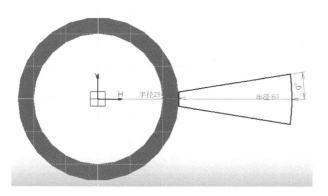

图 6-15　草图 2

图 6-16　楼梯板

6）创建平移特征 1。单击"平移"按钮，弹出"平移定义"对话框，如图 6-17 所示。选择楼梯板作为平移对象，其他参数设置按照图 6-17 所示，单击"确定"按钮。

7）创建旋转特征 1。单击"旋转"按钮，弹出"旋转定义"对话框，如图 6-18 所示。"选择平移特征 1"作为选择对象，单击"隐藏/显示初始元素"按钮，其他参数按照图 6-18 所示进行设置，单击"确定"按钮，创建的旋转特征 1 如图 6-19 所示。

图 6-17　平移特征 1

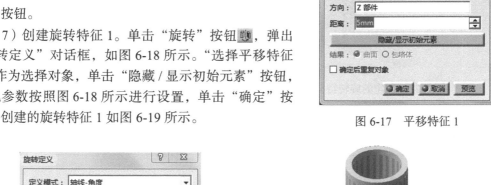

图 6-18　"旋转定义"对话框

图 6-19　创建的旋转特征 1

8）创建平移特征 2。单击"平移"按钮，弹出"平移定义"对话框，如图 6-20 所示。选择楼梯板作为平移对象，其他参数设置按照图 6-20 所示，单击"确定"按钮。

9）创建旋转特征 2。单击"旋转"按钮，弹出"旋转定义"对话框，如图 6-21 所示。"选择平移特征 1"作为选择对象，单击"隐藏/显示初始元素"按钮，其他参数按照图 6-21

所示进行设置，单击"确定"按钮，创建的旋转特征 2 如图 6-22 所示。

10）以此类推，创建平移和旋转特征，最终创建的旋转楼梯如图 6-23 所示。

图 6-20 "平移定义"对话框

图 6-21 "旋转定义"对话框

图 6-22 创建的旋转特征 2

图 6-23 最终创建的旋转楼梯

6.3 对称特征

6.3.1 创建对称特征

在设计环境中有实体时，单击"对称"工具，先弹出一个"问题"信息框，选择"是"后，弹出"对称定义"对话框，如图 6-24 所示，选择对称基准，即可完成零件特征的对称操作。

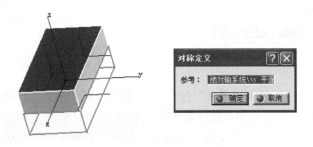

图 6-24 "对称定义"对话框

6.3.2　对称特征设计案例

创建对称图形

1）创建草图 1。选择 xy 平面作为草绘平面，单击"草图"按钮，进入草图界面，绘制图 6-25 所示的草绘图形。

2）创建拉伸特征 1。单击拉伸按钮，弹出"拉伸定义"对话框，设置"拉伸长度"为 20mm，单击"确定"按钮，结果如图 6-26 所示。

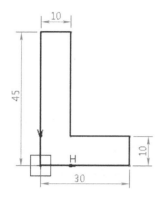

图 6-25　草图 1

图 6-26　凸台 1

3）创建对称特征。单击"对称"工具，先弹出一个"问题"信息框，选择"是"后，弹出"对称定义"对话框，"参考"选择 yz 平面作为对称基准，如图 6-27 所示，单击"确定"按钮，即可完成零件特征的对称操作，如图 6-28 所示，对称完成后原图形不再存在。

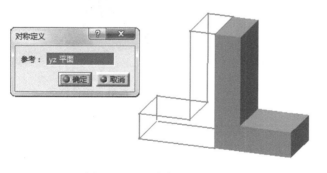

图 6-27　"对称定义"对话框

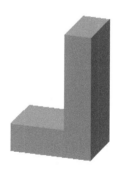

图 6-28　对称图形

6.4　镜像特征

6.4.1　创建镜像特征

在设计环境中有实体时，先选择要镜像的实体特征，再单击"镜像"工具按钮，弹出"镜像定义"对话框，按"确定"按钮，即可完成零件特征的镜像复制操作。如果事先没有选择实体特征，则是对整个实体进行镜像操作，如图 6-29 所示。

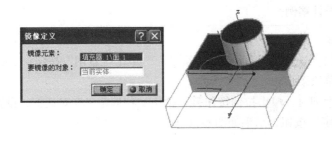

图 6-29　"镜像定义"对话框

6.4.2　镜像特征设计案例

　　镜像特征的创建和对称特征的创建不同之处就在于原图形的存在与否，为了验证这两种特征的相同和不同之处，取同样的例子进行比对。

　　镜像特征设计案例第 1）、2）步骤与对称特征设计案例相同，这里就不再详细叙述。

　　步骤 3）是创建镜像特征。先选择要镜像的实体特征凸台 1，再单击"镜像"工具按钮 ，弹出"定义镜像"对话框，如图 6-30 所示，按"确定"按钮，即可完成零件特征的镜像复制操作，如图 6-31 所示。

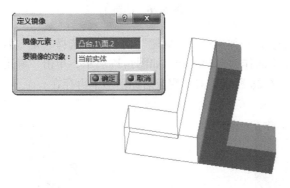

图 6-30　"定义镜像"对话框
图 6-31　镜像特征

6.5　阵列特征

6.5.1　创建阵列特征

　　单击"变换特征"工具栏上的"阵列"工具下拉箭头 ，可展开"阵列"工具栏 。

1. 矩形阵列

　　先选择要阵列的特征，单击"矩形阵列"工具 ，弹出"定义矩形阵列"对话框，其中提供了以下四种阵列方式：

　　（1）**实例和长度**　在"定义矩形阵列"对话框"参数"下拉列表框中选择"实例和长度"。依次选择"第一方向""第二方向"选项卡，确定"参考元素"，设置"实例"个数和

"长度"，按提示设置其他参数，即可完成特征的矩形阵列。两个方向可使用不同的"参数"生成阵列，如图 6-32 所示。

（2）**实例和间距**　在"定义矩形阵列"对话框"参数"下拉列表框中选择"实例和间距"。依次选择"第一方向""第二方向"选项卡，确定"参考元素""实例"个数和"间距"，按提示设置其他参数，即可完成特征的矩形阵列，如图 6-33 所示。

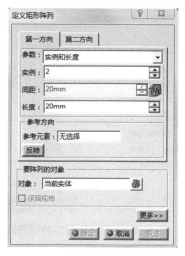

图 6-32　"实例和长度"的矩形阵列　　　　图 6-33　"实例和间距"的矩形阵列

（3）**间距和长度**　在"定义矩形阵列"对话框"参数"下拉列表框中选择"间距和长度"。依次选择"第一方向""第二方向"，确定各方向的"参考元素"，设置"长度"和"间距"，按提示设置其他参数，即可完成特征的矩形阵列。实例个数由系统自动计算，如图 6-34 所示。

（4）**实例和不等间距**　在"定义矩形阵列"对话框"参数"下拉列表框中选择"实例和不等间距"。依次选择"第一方向""第二方向"，确定各方向的"参考元素"，设置"实例"个数，选择某个间距尺寸线并双击，在弹出的"参数定义"对话框中输入间距值，即可完成不等间距的矩形阵列。单击实例中心点，可移除该实例，如图 6-35 所示。

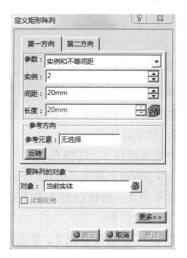

图 6-34　"间距和长度"的矩形阵列　　　　图 6-35　"实例和不等间距"的矩形阵列

2. 圆形阵列

先选择要阵列的特征，单击"圆形阵列"工具 ⚙，弹出"圆周图样定义"对话框。在"轴向参考"选项卡中有六种不同的"参数"，在"定义径向"中有三种不同的"参数"。

（1）**轴向参考**　"轴向参考"选项卡中有五种不同的"参数"，分别是：实例和总角度、实例和角度间隔、角度间隔和总角度、完整径向（均布）、实例与不等角度间距。其操作方法与相应的矩形阵列相似。

（2）**定义径向**　"定义径向"选项卡中有三种不同的"参数"，分别是：圆和径向厚度（正值使半径加大，负值使半径减小）、圆和圆间距、圆间距和径向厚度，如图 6-36 所示。操作方法与相应的矩形阵列相似。

3. 用户阵列

先选择要阵列的特征，单击"用户阵列"工具 💫，弹出"定义用户阵列"对话框。选择用户事先定义好的位置点，即可生成用户阵列，如图 6-37 所示。

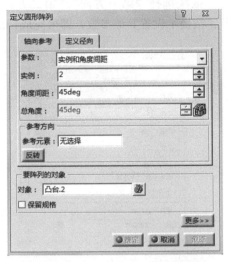

图 6-36　"定义径向"的圆弧阵列

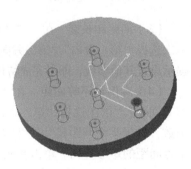

图 6-37　"定义用户阵列"对话框

6.5.2　阵列特征设计案例

1. 矩形阵列的练习

1）创建草图 1。选择 xy 平面作为草绘平面，单击"草图"按钮 📐，进入草图界面，绘制图 6-38 所示的草绘图形。

2）创建拉伸特征 1。选择草图 1，单击拉伸按钮 ⏚，弹出"拉伸定义"对话框，设置"拉伸长度"为 20mm，单击"确定"按钮，结果如图 6-39 所示。

3）绘制草图 2。选择凸台 1 的上表面，单击"草图"按钮 📐，进入草图界面，绘制图 6-40 所示的草绘图形。

4）创建凸台 2。选择草图 2，单击拉伸按钮 ⏚，弹出"拉伸定义"对话框，设置"拉伸长度"为 10mm，单击"确定"按钮，结果如图 6-41 所示。

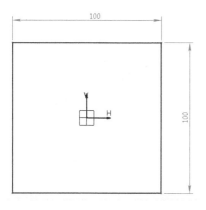

图 6-38　草图 1

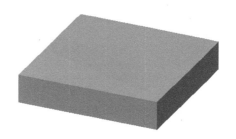

图 6-39　凸台 1

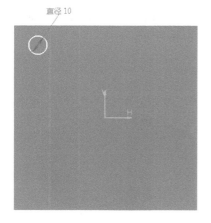

图 6-40　草图 2

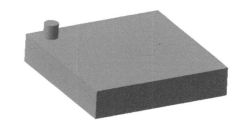

图 6-41　凸台 2

5）创建矩形阵列。单击"矩形阵列"工具，弹出"定义矩形阵列"对话框，如图 6-42 所示。

6）选择阵列对象。在"要阵列的对象"选项区域的"对象"文本框中选择凸台 2。

7）第一方向参数设置。"第一方向"选取图 6-43 所示的直线，"参数"类型选择"实例和间距"选项，实例为 5 个，"间距"为 20mm。

8）第二方向参数设置。"第二方向"选取图 6-43 所示的直线，"参数"类型选择"间距和长度"选项，"长度"为 60mm，"间距"为 20mm。

注意：第一方向和第二方向的设置有所不同，但阵列结果是一致的，读者可自行尝试。

9）单击"确定"按钮，完成矩形阵列的创建，如图 6-44 所示。

图 6-42　"定义矩形阵列"对话框

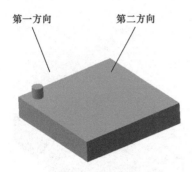

图 6-43　矩形阵列的方向选择

图 6-44　阵列结果图

2. 圆形阵列的练习

1）创建草图 1。选择 xy 平面作为草绘平面，单击"草图"按钮 ◪，进入草图界面，绘制图 6-45 所示的草绘图形。

2）创建拉伸特征 1。选择草图 1，单击拉伸按钮 ◪，弹出"拉伸定义"对话框，设置"拉伸长度"为 20mm，单击"确定"按钮，结果如图 6-46 所示。

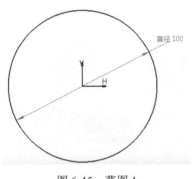

图 6-45　草图 1

图 6-46　凸台 1

3）绘制草图 2。选择凸台 1 的上表面，单击"草图"按钮 ◪，进入草图界面，绘制图 6-47 所示的草绘图形。

4）创建凸台 2。选择草图 2，单击拉伸按钮 ◪，弹出"拉伸定义"对话框，设置"拉伸长度"为 10mm，单击"确定"按钮，结果如图 6-48 所示。

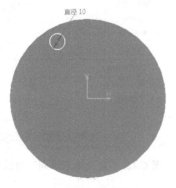

图 6-47　草图 2

图 6-48　凸台 2

5）创建圆形阵列。单击"圆形阵列"工具 ，弹出"定义圆形阵列"对话框，如图 6-49 所示。

6）选择阵列对象。在"要阵列的对象"选项区域的"对象"文本框中选择凸台 2。

7）参数设置。"参考元素"选择凸台 1 上表面，并设定"参数"类型、"实例""角度间距"或"总角度"等参数。

8）在"定义径向"选项卡下，设置"参数"类型、"圆""圆间距"或"径向厚度"等参数。

9）单击"确定"按钮，完成圆形阵列的创建，如图 6-50 所示。

图 6-49　"定义圆形阵列"对话框

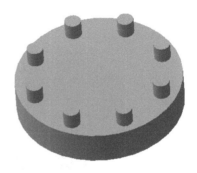

图 6-50　圆形阵列

3. 用户阵列的练习

1）创建凸台和孔特征。创建图 6-51 所示的图形。

2）创建草图 2。选择凸台上表面，进入草图绘制平面，任意绘制若干个点，如图 6-52 所示。

3）创建用户阵列。单击"用户阵列"工具，弹出"定义用户阵列"对话框。"位置"文本框中选择绘制点的草图，"对象"选择孔，单击"确定"按钮，如图 6-53 所示。

图 6-51　凸台和孔特征图

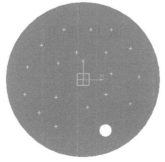

图 6-52　绘制的若干个点

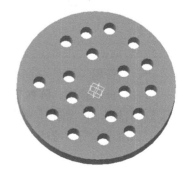

图 6-53　用户阵列特征

6.6 缩放

在设计环境中有实体时，先选择要缩放的实体特征，再单击"缩放"工具按钮 ⊠，弹出"缩放定义"对话框，选择参考元素，输入缩放比率值或拖动鼠标到合适大小，单击对话框中的"确定"按钮，即可完成缩放，如图6-54所示。

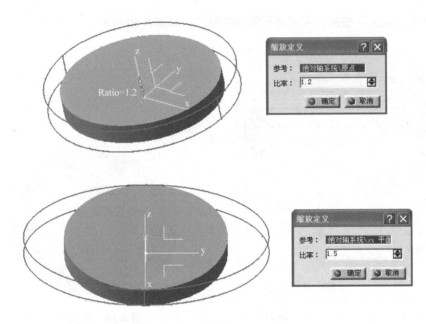

图6-54 缩放特征

本 章 小 结

本章详细介绍"变化特征"指令的使用方法、主要功能和操作要领等知识点，主要内容包括平移、旋转、对称、镜像、阵列和缩放等功能的介绍，并列举大量经典实例帮助读者理解功能指令，拓展建模思路。通过本章的学习，有助于提高读者的建模水平。

课 后 练 习

一、简答题

1.在特征变换中，阵列有几种类型？如何操作？

2."对称"和"镜像"特征有何异同点？

3.试用本章所学特征工具绘制直行楼梯。

二、绘制图 6-55 所示的各个实体

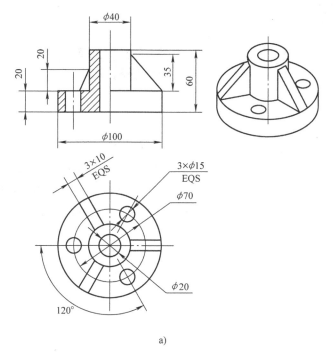

a)

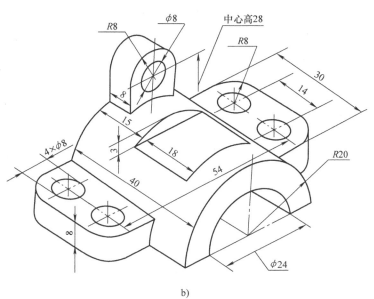

b)

图 6-55 实体图

第 7 章

创成式曲面设计

创成式曲面设计（Generative Shape Design）帮助设计者在线架、多种曲面特征的基础上，进行机械零部件外形设计。它提供了一系列全面的工具集，用于创建和修改复杂外形设计或混合零件造型中的机械零部件外形。它带有智能化的工具，如用于管理特征重用的超级复制（Powercopy）功能。以特征为基础的方法提供了直观和高效的设计环境，系统可以捕捉和重用设计方法及规范。

创成式曲面设计模块拥有强大的曲面整体修改技术，扩展了 CATIA 创成式曲面设计创建线框和多种曲面特征的功能。该模块基于高级的智能化工具，允许用户进行快速的外形修改操作，减少他们的设计时间。

7.1 基本元素

基本元素的功能是建立点 、直线 、平面 等基本几何元素，并将它们作为其他几何体建构时的基础和参照物。

7.1.1 点

绘制点可以通过很多方式，包括坐标点、曲线上的点、曲面上的点、圆心、曲线切点和中间点等。打开的文件 Point.CATPart 如图 7-1 所示。

1. 坐标点

1）在"线框"工具栏中单击"点"（Point）按钮 ，弹出"点定义"对话框，在"点类型"下拉列表框中选择"坐标"，如图 7-2 所示。

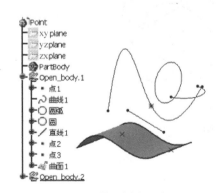

图 7-1　模型树中的点

图 7-2　坐标点"点定义"对话框

2）选择一点填入"参考"中的"点"文本框中，作为参考点，默认是原点（Origin）。

3）在对话框中填写坐标点相对于参考点的 X、Y、Z 分量值。

2. 曲线上的点

1）在"点定义"对话框中，在"点类型"下拉列表框中选择"曲线上"，对话框如图 7-3 所示。

2）选择如图 7-4 所示的曲线作为参考曲线。

3）选择一种生成的点与参考点的相对位置的方式，一种是"曲线上的距离"，通过在"长度"文本框中设置需要生成的点与参考点在曲线上的距离，来确定点的位置。"曲线长度比率"是两点之间的距离与曲线总长的比例。"测地距离"指两点间的距离是沿着曲线来计算的，"直线距离"指两点间的距离相对于参考点的绝对距离，图 7-4 所示是采用"测地距离"方式，尺寸 30.084mm 是两点间的绝对距离。

4）可以选择一点填入"参考"中的"点"文本框，作为参考点的位置，默认是端点。也可以在"点"文本框中右击，在弹出的快捷菜单中选择相关项目。

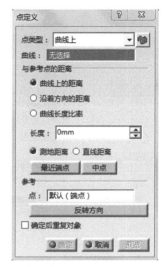

图 7-3 曲线上"点定义"对话框

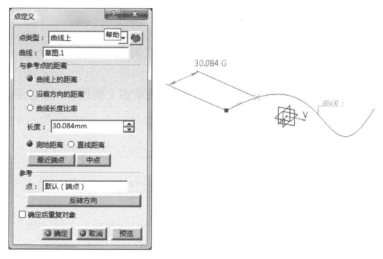

图 7-4 曲线上"点定义"对话框

5）单击"最近端点"按钮，把离鼠标最近的曲线端点作为生成的点。单击"中点"按钮，把曲线的中点作为生成点。

6）在图形中单击红色箭头，或者在对话框中单击"反转方向"按钮，可以改变曲线的方向。

7）选中"确定后重复对象"复选框，可以在参考点和生成点中间生成若干等距点。单击"确定"按钮后，弹出"点面复制"对话框。在对话框中，在"实例"文本框中输入重复的点数，如图 7-5 所示，"第一点"所指的点是以曲线的一个端点为参考点生成的点，现在作为生成等距点的参考点，在"第一点"之后生成了 5 个等距的点，如图 7-6 所示。

8）如果在"点面复制"对话框中，将"参数"选择为"实例与间距"，在"间距"设置点的间距，那么等距点的起始位置将从在"点定义"对话框中生成的点开始。

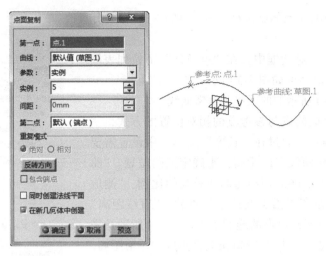

图 7-5　"点面复制"对话框

9）如果在"点面复制"对话框中选中"在新几何体中创建"复选框，那么在生成点的同时，也生成了曲线在各点处的法平面。

图 7-6　生成 5 个等距点

3. 圆心

1）在"点定义"对话框中，在"点类型"下拉列表框中选择"圆心"。

2）选择圆或者圆弧填入"圆"文本框中，可以是草图上的圆，实体上的边线圆，或者圆弧、圆，如图 7-7 所示。

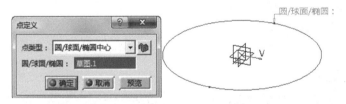

图 7-7　圆心"点定义"对话框

3）可以选择椭圆或者椭圆边线，也可以选择圆弧，如图 7-8 所示。

4. 曲线切点

1）在"点定义"对话框中，在"点类型"下拉列表框中选择"曲线上的切线"，对话框如图 7-9 所示。

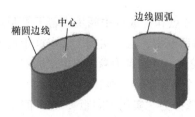

图 7-8　选择椭圆或圆弧中心

图 7-9　曲线上的切线"点定义"对话框

2）选择曲线填入"曲线"文本框中，选择一条直线填入"方向"文本框中作为曲线的切线。系统自动求取曲线和直线的切点，切点位于曲线上，如图 7-10 所示。

3）单击"确定"按钮，如果直线和曲线存在多个切点，那么系统会弹出图 7-11 所示的对话框，询问需要保留所有切点，还是只需保留一个合适的点。如果选择"使用近接，仅保留一个子元素"，单击"确定"按钮，系统弹出"近接定义"对话框，如图 7-12 所示，要求用户选择一个存在的参考元素，让系统判断需要保留哪个切点。

5. 中间点

1）在"点定义"对话框中，在"点类型"下拉列表框中选择"之间"，对话框如图 7-13 所示。

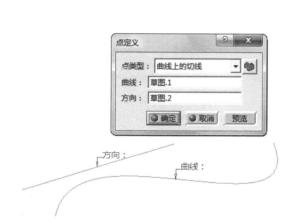

图 7-10　曲线上的切线"点定义"对话框

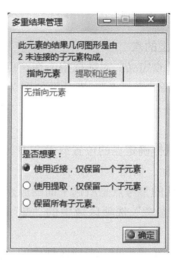

图 7-11　"多重结果管理"对话框

图 7-12　"近接定义"对话框

图 7-13　之间"点定义"对话框

2）选择两点，分别填入"点 1""点 2"文本框中，并设置"比率"值，确定点相对于点 1、点 2 的位置，如图 7-14 所示。

3）比率的值是生成的点到点 1 的距离除以点 1 到点 2 之间距离的值。如果比率 > 1，那么生成的点位于点 2 之外。如果比率 < 0，那么生成的点位于点 1 之外，如图 7-15 所示。

4）单击"反转方向"按钮可以改变起点，单击"中点"按钮，生成中点，也就是比率 =0.5 的情况。

图 7-14　选择两个点

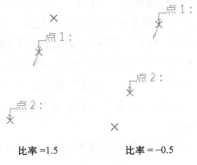

比率 =1.5　　　　比率 = -0.5

图 7-15　不同比率值点的位置

6. 平面上的点

1）在"点定义"对话框中，在"点类型"下拉列表框中选择"平面上"，对话框如图 7-16 所示。

2）选择一个平面填入"平面"文本框中作为参考平面。

3）用鼠标确定点的位置或者在 H、V 文本框中确定点的坐标，如图 7-17 所示。

4）默认的参考点是所选平面的原点，可以选择一点填入"参考"选项区域中的"点"文本框中作为参考点。

5）可以在"投影"选项区域中的"曲面"文本框中填入一个曲面，使在平面上生成的点投射到曲面上。

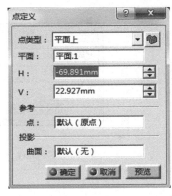

图 7-16　平面上"点定义"对话框

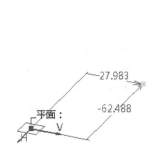

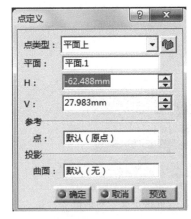

图 7-17　确定 H、V 坐标值

7. 曲面上的点

1）在"点定义"对话框中，在"点类型"下拉列表框中选择"曲面上"，对话框如图 7-18 所示。

2）选择一个曲面填入"曲面"文本框中，用鼠标在曲面上单击确定一点，如图 7-19所示。

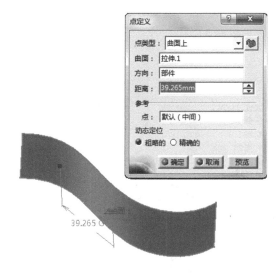

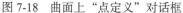

图 7-18 曲面上"点定义"对话框

图 7-19 在曲面上选择点

3）可以指定一个方向填入"方向"文本框中。

4）可以选择曲面上的一点作为参考点，默认的参考点是曲面的中心。

8. 点面复制

1）在"线框"工具栏中单击"点面复制"按钮 ，弹出图 7-20 所示的对话框。

2）选择一条曲线或者曲线上的一点。如果选择曲线，那么生成的点是以曲线的两个端点作为边界的。

3）在"实例"文本框中设置点的个数。如果选中"包含端点"复选框，设置的点个数包括曲线的两个端点。

4）如果不选择曲线，而选择一个曲线上的点，那么可以在"参数"下拉列表框中选择一种参数的设置方法。"实例与间距"是通过设置从参考点开始的等距点个数以及点的距离来实现的，其中，"间距"是通过设置从参考点到曲线的一个端点中等分的点数来实现的。

图 7-20 "点面复制"对话框

5）如果需要在生成的等距点上建立曲线的垂直平面，那么在对话框中选中"同时创建法线平面"复选框。如果需要将生成的点以及平面放置在一个组中，选中"在新几何体中创建"复选框。

7.1.2 直线

建立直线（Line）的方法有：两点直线、起点和方向、与曲线成一定角度、曲线的切线、平面法线、角平分线等，如图 7-21 所示。

1. 两点直线

1）在"线框"工具栏中单击"直线"按钮，弹出"直线定义"对话框，选择"点 - 点"方式，如图 7-22 所示。

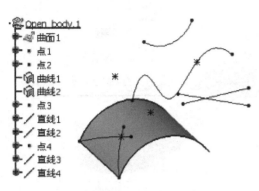

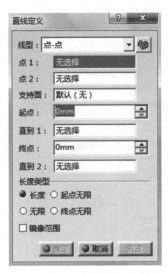

图 7-21　直线的创建　　　　　　　　　图 7-22　点 - 点"直线定义"对话框（一）

2）选择两点填入"点 1"和"点 2"文本框中，作为直线的起点和终点，构成了直线的方向。如果选中"长度"单选按钮，可以在"起点"和"终点"文本框设置起点和终点向外延伸的距离。这里选择"点 1"和"点 2"作为起点和终点，如图 7-23 所示。

3）如果选中"起点无限"单选按钮，那么直线将以起点向外无限延伸。如果选中"终点无限"单选按钮，那么直线将以终点向外无限延伸。如果选中"无限"单选按钮，那么直线将以两个端点向外无限延伸。

4）选中"镜像范围"复选框，可以在端点两侧对称延伸。

2. 起点和方向

1）在"直线定义"对话框中选择"点 - 方向"，对话框如图 7-24 所示。

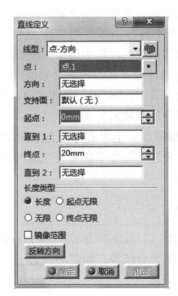

图 7-23　点 - 点"直线定义"对话框（二）　　　　图 7-24　点 - 方向"直线定义"对话框

2）选择一点填入"点"文本框中，作为直线的起点。

3）选择一个参考元素填入"方向"文本框中，确定直线的方向，可以是直线或者平面。这里选择"点 1"作为直线的起点，选择"直线 1"作为方向。

4）在"起点"和"终点"文本框中填入相应数值，确定直线的起始位置和终止位置。

5）可以指定直线的支持曲面。生成的直线将位于曲面上，实际上是曲线。

3. 曲线的切线

1）在"直线定义"对话框中，"线型"选择"曲线的切线"，对话框如图 7-25 所示。

2）选择一条曲线填入"曲线"文本框中。

3）选择一点，作为切线的起点填入"元素 2"文本框中。

4）如果在"切线选项"区域中，在"类型"下拉列表框中选择"单切线"，则表示以"元素 2"中所选择的点为起点，以该点投射到曲线上的点所在的曲线斜率为方向生成直线。

5）如果在"类型"下拉列表框中选择"双切线"，则表示生成以"元素 2"中所选的点为起点，到曲线的切线。这种情况可能会出现多条切线，可以单击"下一个解法"按钮选择需要保留的切线。

6）如果"元素 2"文本框中选择的元素也是曲线，结果将是两条曲线的公切线。

4. 曲线的角度 / 法线

1）在"直线定义"对话框中，"线型"选择"曲线的角度 / 法线"，对话框如图 7-26 所示。

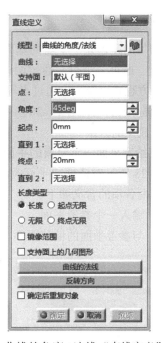

图 7-25　曲线的切线"直线定义"对话框　　图 7-26　曲线的角度 / 法线"直线定义"对话框

2）分别在对话框的"曲线""支持面""点""角度""起点""终点"域输入一条参考曲线、一个支撑平面或曲面、起始点、一个角度值、两个外延距离值，单击"确定"按钮即可。如果参考曲线在支撑面上，起始点在参考曲线上，则生成的直线是和参考曲线在起始点的切线成给定角度的直线，并且处于支撑面在起始点处的切平面上。

对话框中各项的含义如下：

① 曲线：输入一条曲线。

② 角度：输入一个角度值。

③ 支持面上的几何图形：选中此复选框，则生成的是空间直线在支撑面上的投影。

④ 曲线的法线：单击此按钮，则生成的线是曲线的法线，即角度值为90°。

⑤ 确定后重复对象：选中此复选框，则应用上面的输入参数（除角度外）再生成多条直线，数目由弹出的对话框输入，角度值分别等于第一个输入角度值乘以倍数。

其余各项的含义同前。

5. 生成两相交直线的角平分线

选择"直线定义"对话框"线型"域的"角平分线"项，如图 7-27 所示。对话框中各项的含义如下：

① 直线 1：输入一条直线。

② 直线 2：输入另一条直线。

其余各项的含义同前。

图 7-27　角平分线"直线定义"对话框

7.1.3　生成平面

该功能的目的是创建一个新的基准平面。可以通过偏移平面、平行通过点、与平面成一定角度或垂直、通过三个点、通过两条直线、通过点和直线、通过平面曲线、曲线的法线、曲面的切线、方程式以及平均通过点等方式生成平面。

单击该图标按钮，弹出图 7-28 所示"平面定义"的对话框。通过"平面类型"下拉列表框可以选择生成点的方法。

1. 生成与给定平面一定距离的平面

选择图 7-28 所示对话框"平面类型"域的"偏移平面"项，对话框改变为图 7-29 所示的形式。对话框各项的含义如下：

① 参考：输入一个参考平面。

② 偏移：与参考平面的偏移距离。

图 7-28　"平面定义"对话框

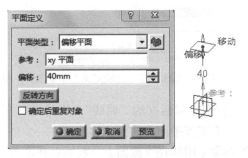

图 7-29　偏移平面"平面定义"对话框

其余各项的含义同前。

在对话框的"参考"、"偏移"域输入一个参考平面和偏移距离值,单击"确定"按钮,即可得到一个平面。

2. 生成过一个点与给定平面的平行平面

选择图 7-28 所示对话框"平面类型"域的"平行通过点"项,对话框改变为图 7-30 所示的形式。分别在对话框的"参考""点"域输入一个参考平面和一个点,单击"确定"按钮,即可得到一个平面,经过输入点并且平行于输入参考平面。

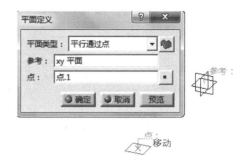

图 7-30 平行通过点"平面定义"对话框

3. 生成过一条直线与给定平面成一定角度的平面

选择图 7-28 所示对话框"平面类型"域的"与平面成一定角度或垂直"项,对话框改变为图 7-31 所示的形式。对话框各项的含义如下:

① 平面法线:单击此按钮,平面和参考平面垂直。

② 旋转轴:输入一个旋转轴线(轴线必须在参考平面上)。

③ 角度:输入一个旋转角。

其余各项的含义同前。

分别在相应域输入旋转轴线、参考平面和一个角度值,单击"确定"按钮,即可得到一个平面。

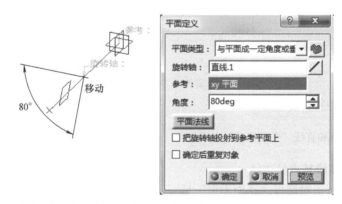

图 7-31 与平面成一定角度或垂直"平面定义"对话框

4. 通过不在同一直线的三点生成平面

选择图 7-28 所示对话框"平面类型"域的"通过三个点"项,对话框改变为图 7-32 所示的形式。分别在对话框的点 1、点 2、点 3 域输入三个点,单击"确定"按钮,即可得到过这三个点的平面。

5. 通过两条直线生成平面

选择图 7-28 所示对话框"平面类型"域的"通过两条直线"项,对话框改变为图 7-33 所示的形式。分别在对话框的"直线 1"、"直线 2"域输入两条直线,单击"确定"按钮,即可得到一个平面,经过上述两条直线。

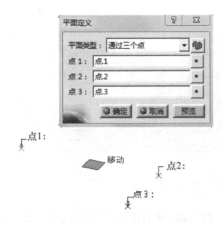

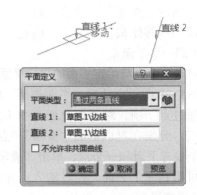

图 7-32　通过三个点"平面定义"对话框　　图 7-33　通过两条直线"平面定义"对话框

6. 通过一个点和一条直线生成平面

选择图 7-28 所示对话框"平面类型"域的"通过点和直线"项，对话框改变为图 7-34 所示的形式。分别在对话框的"点""直线"域输入一个点和一条直线，单击"确定"按钮，即可得到一个平面，经过上述输入点和直线。

7. 通过一条平面曲线生成平面

选择图 7-28 所示对话框"平面类型"域的"通过平面曲线"项，对话框改变为图 7-35 所示的形式。在对话框的"曲线"域输入一条平面曲线，单击"确定"按钮，即可得到经过给定平面曲线的一个平面。

图 7-34　通过点和直线"平面定义"对话框

图 7-35　通过平面曲线"平面定义"对话框

8. 生成一条曲线某点的法线

选择图 7-28 所示对话框"平面类型"域的"曲线的法线"项，对话框改变为图 7-36 所示的形式。分别在对话框的"曲线""点"域输入一条曲线和一个点，单击"确定"按钮，即可得到一个平面，经过上述输入点，并且垂直于曲线在此点的切线。

图 7-36　曲线的法线"平面定义"对话框

9. 生成曲面在某点的切面

选择图 7-28 所示对话框"平面类型"域的"曲面的切线"项，对话框改变为图 7-37 所示的形式。分别在对话框的"曲面""点"域输入一个曲面和一个点，单击"确定"按钮，即可得到一个平面，经过输入的点，并与曲面在此点相切。

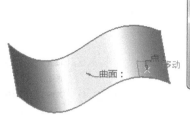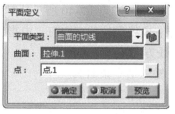

图 7-37　曲面的切线 "平面定义" 对话框

10. 通过平面方程 Ax+By+Cz=D 确定平面

选择图 7-28 所示对话框 "平面类型" 域的 "方程式" 项，对话框改变为图 7-38 所示的形式。分别在对话框的 A、B、C、D 域输入四个参数，单击 "确定" 按钮，即可得到一个平面，是由方程 Ax+By+Cz=D 确定的平面。

对话框中以下两项的含义如下：

① 垂直于指南针：单击此按钮，生成 z=20 的平面。

② 与屏幕平行：单击此按钮，生成的平面和屏幕平行的平面。

图 7-38　通过方程 Ax+By+Cz=D 确定平面

7.1.4　投影

图标按钮 的功能是生成一个元素（点、直线或曲线的集合）在另一个元素（曲线、平面或曲面）上的投影。一般分为以下两种情况：

1）一个点投射到直线、曲线或曲面上。

2）点和线框混合元素投射到平面或曲面上。

单击该图标按钮，出现图 7-39 所示的 "投影定义" 对话框。对话框各项的含义如下：

① 投影类型：投影方向可以选择 "沿指定方向" 和 "沿基础面中心的法线方向" 两种类型。

② 投影的：输入被投影元素。

③ 支持面：输入作为投影面的基础元素。

④ 近接解法：若此按钮为打开状态，当投影结果为不连续的多元素时，会弹出对话框，询问是否选择其中之一。

图 7-39　"投影定义" 对话框

7.1.5　混合

图标按钮 的功能是生成相贯线。相贯线定义为：两条曲线分别沿着两个给定方向（默认的方向为曲线的法线方向）拉伸，拉伸的两个曲面（实际上不生成曲面的几何图形）在空间的交线。

单击该图标按钮，出现图 7-40 所示的对话框。对话框各项的含义如下：

① 混合类型：曲线的拉伸方向有"沿指定方向"或"沿基础面中心的法线方向"两种类型。

② 曲线 1：输入第一条曲线。

③ 曲线 2：输入第二条曲线。

④ 方向 1：当混合类型选择了"沿方向"时，需要在此域输入曲线 1 的拉伸方向。

⑤ 方向 2：当混合类型选择了"沿方向"时，需要在此域输入曲线 2 的拉伸方向。

⑥ 近接解法：若此按钮为打开状态，当相贯线为不连续的多元素时，会弹出对话框，询问是否选择其中之一。

图 7-40 "混合定义"对话框

7.1.6 反射线

图标按钮 的功能是生成反射线。反射线定义为：光线由特定的方向射向一个给定曲面，反射角等于给定角度的光线，即反射线。反射线是所有在给定曲面上的法线方向与给定方向夹角是给定角度值的点的集合。

单击该图标按钮，出现图 7-41 所示的对话框。对话框各项的含义如下：

① 支持面：输入基础曲面。

② 方向：输入一个方向。

③ 角度：输入一个角度值。

④ 法线：若该选项被选中，则反射线定义为曲面的法线和给定方向的夹角。

⑤ 切线：若该选项被选中，则反射线定义为曲面的切线和给定方向的夹角。

图 7-41 "反射线定义"对话框

7.1.7 相交线

图标按钮 的功能是生成两个元素之间的相交部分。例如，两条相交直线生成一个交点，两个相交平面（曲面）生成一条直线（曲线）等。相交元素大致包括线框元素之间、曲面之间、线框元素和一个曲面之间、曲面和拉伸实体之间四种情况。

单击该图标按钮，出现图 7-42 所示的对话框。对话框各项的含义如下：

① 第一元素：参与相交的元素 1。

② 第二元素：参与相交的元素 2。

③ 具有共同区域的曲线相交结果：当被选的是两线框元素并且有重合线时，生成的结果即重合部分是曲线还是点。

④ 曲面部分相交：当被选的是曲面和实体，生成的结果是轮廓还是曲面。

图 7-42 "相交定义"对话框

7.1.8　平行曲线

图标按钮 的功能是在基础面上生成一条或多条与给定曲线平行（等距离）的曲线。单击该图标按钮，弹出图 7-43 所示的对话框。对话框各项的含义如下：

① 平行模式：选择距离的类型，有直线距离和沿基础曲面的最短距离两种类型。前者既可以是常数，也可以是函数，后者只能是常数。

② 平行圆角类型："尖的"表示平行曲线与参考曲线的角特征相同。"圆的"表示平行曲线在角上以圆角过渡，该方式偏移距离为常数。

③ 曲线：输入待等距平行的参考曲线。

④ 支持面：输入曲线的支撑曲面。

⑤ 偏移距离的模式，有两个输入框"常量"和"点"以及一个"法则曲线"按钮。可以选择"常量"，即输入一个常数；若单击"法则曲线"按钮，则由定义的函数来确定曲线的距离和长度；"点"，即输入曲线所在面上的一个点，则该平行线通过这个点。

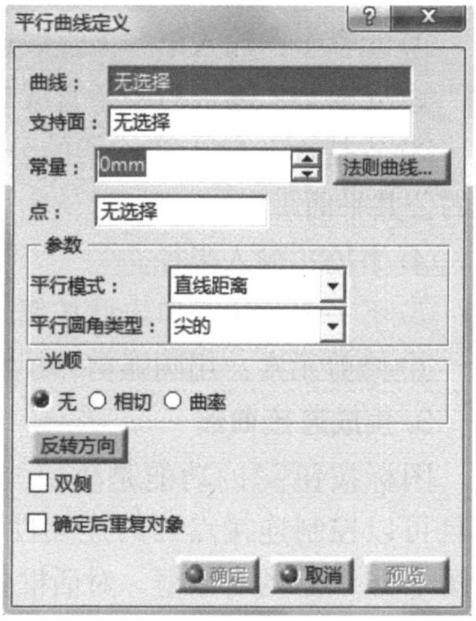

图 7-43　"平行曲线定义"对话框

⑥ 反转方向：单击此按钮，偏移的方向反向。

⑦ 双侧：曲线的两侧都生成平行曲线。

⑧ 确定后重复对象：选中此复选框，以生成的曲线为参考曲线重复生成等距曲线，个数由弹出的对话框输入。

7.1.9　二次曲线

1. 圆和圆弧

图标按钮 的功能是生成圆或圆弧。单击该图标按钮，出现图 7-44 所示的对话框。对话框各项的含义如下：

① 圆类型：生成圆或圆弧的方式，有 7 种选择：圆心和半径、圆心和圆上点、三点圆、两点和半径值、两相切元素和半径值、两相切元素和圆上点、三个相切元素。

② 中心：输入圆心点。

③ 支持面：输入支撑面。

图 7-44　"圆定义"对话框

④ 半径：输入半径。

⑤ 支持面上的几何图形：若该选项被选中，生成的圆或圆弧投射到基础曲面上。

⑥ 按钮 ：生成圆弧。

⑦ 按钮 ：生成整个圆。

⑧ 按钮 ：生成优弧。

⑨ 按钮 ：生成劣弧。

⑩ 开始：圆弧的起始角度。

⑪ 结束：圆弧的结束角度。

2. 倒圆角

单击 图标按钮，弹出图 7-45 所示的对话框。对话框各项的含义如下：

① 元素 1：输入第一条直线或曲线。

② 元素 2：输入另一条直线或曲线。

③ 支持面：输入两元素的公共平面（默认值是两元素的公共平面）。

④ 半径：输入半径。

⑤ 下一个解法：单击此按钮，切换到下一个结果。

⑥ 修剪元素：用圆弧剪切掉距相交点之间的部分。

3. 生成连接曲线

图标按钮 的功能是生成与两条曲线连接的曲线，并且可以控制连接点处的连续性。单击该图标按钮，弹出图 7-46 所示的对话框。对话框各项的含义如下：

① "第一曲线"栏：要连接的第一条曲线输入区。

a. 点：单击此域，输入第一条曲线上的连接点。

b. 曲线：单击此域，输入需要连接的第一条曲线。

c. 连续：单击此域，选择连接点处的连续性，有三种选项：

■ 点：点连续。

■ 相切：相切连续。

■ 曲率：曲率连续。

d. 张度：单击此域，输入曲线张度。

② 反转方向：单击此按钮，连接曲线在连接点处的切线改为相反的方向。

③ "第二曲线"栏：要连接的第二曲线输入区，栏内各项的含义同第一曲线。

④ 修剪元素：若该选项被选中，用连接曲线修剪掉原来曲线。

图 7-45 "圆角定义"对话框

图 7-46 "连接曲线定义"对话框

4. 生成圆锥曲线

图标按钮 的功能是生成抛物线、双曲线或椭圆等二次曲线。输入条件大致分为如下几种情况：

① 起点、终点及其切线方向和一个系数值。

② 起点、终点及其切线方向和一个经过点。

③ 起点、终点、一个起始点切线方向的控制点和一个系数值。

④ 起点、终点、一个起始点切线方向的控制点和一个经过点。

⑤ 四个点和其中一点的切线方向。

⑥ 五个点。

单击"生成圆锥曲线"图标按钮，弹出图 7-47 所示的对话框，对话框各项的含义如下：

① 支持面：单击此域，输入基础面，二次曲线是平面曲线，应选择平面或平面表面。

② 约束限制：此输入区是限制条件。

③ 点：此输入区是起始点输入区。

a. 开始：单击此域，输入二次曲线的起点。

b. 结束：单击此域，输入二次曲线的终点。

④ 切线：此输入区是起始点的切线限制。

a. 开始：单击此域，输入起点切线方向。

b. 结束：单击此域，输入终点切线方向。

⑤ 切线相交点：单击此按钮，上面的起点、终点的切线限制随之失效。起点、终点的切线方向由起点、终点和下面的输入点连线确定。

⑥ 点：单击此域，输入一个参考点，此点和起点连线为起点的切线方向，与终点连线为终点的切线方向。

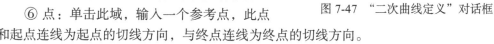

图 7-47　"二次曲线定义"对话框

⑦ 中间约束：此输入区是中间限制输入区。

⑧ 参数：输入一个参数，若此按钮为打开状态，该项下面的点和切线方向自动失效。参数的意义如下：

参数 <0.5：生成的二次曲线是椭圆。

参数 =0.5：生成的二次曲线是抛物线。

参数 >0.5：生成的二次曲线是双曲线。

⑨ 点 1：输入第一中间点。

⑩ 切线 1：输入第一中间点的切线方向。

⑪ 点 2：输入第二中间点。

⑫ 切线 2：输入第二中间点的切线方向。

⑬ 点 3：输入第三中间点。

7.1.10　样条曲线

图标按钮 的功能是生成样条曲线。单击该图标按钮，弹出图 7-48 所示的对话框。对话框上部是点的输入框，依次是点、切线方向、张度、曲率方向和曲率半径。

其余各项的含义如下：

① 之后添加点：单击此按钮，在选择点后插入点。

② 之前添加点：单击此按钮，在选择点前面插入点。

③ 替换点：单击此按钮，替换选择点。

④ 支持面上的几何图形：该选项被选中，样条曲线投射到基础面上。

⑤ 封闭样条线：该选项被选中，样条曲线起点和终点连接起来形成封闭曲线。

⑥ 约束类型：可以选择"显式"和"从曲线"。

a. 显式：在下面的"切线方向"域输入直线或平面作为样条线的切线约束。

b. 从曲线：在下面的"切线方向"域输入曲线作为样条线的切线约束，即样条线和曲线相切。

⑦ 切线方向：输入切线方向。

⑧ 切线张度：输入张度。

⑨ 移除点：单击此按钮，去掉选择点。

⑩ 移除相切：单击此按钮，去掉选择点的切线方向。

⑪ 反转切线：单击此按钮，切线方向反向。

⑫ 移除曲率：单击此按钮，去掉曲率方向。

⑬ 隐藏参数 <<：单击此按钮，取消"约束类型"区域显示，此按钮变成"显示参数 >>"按钮，再单击，又恢复到"隐藏参数 <<"按钮。

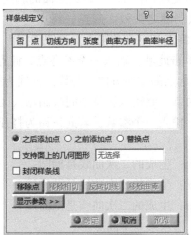

图 7-48　"样条线定义"对话框

7.1.11　螺旋线

图标按钮⟨⟩的功能是生成螺旋线。单击该图标按钮，弹出图 7-49 所示的对话框。对话框各项的含义如下：

① 类型：此输入区是选择螺旋的类型、等螺距/变螺距等选项。

② 螺距：输入螺距。

③ 转数：输入螺旋总圈数。

④ 高度：输入螺旋总高度。注意圈数和高度任选其一即可。

⑤ 方向：选择螺旋旋向，顺时针或逆时针。

⑥ 起始角度：输入螺旋的起始角度，从起点开始算起，围绕螺旋轴线，此范围

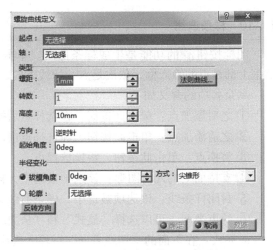

图 7-49　"螺旋曲线定义"对话框

内无螺旋。

⑦半径变化：控制螺旋半径的变化，只有在等螺距时才起作用，包括下面参数：

a. 拔模角度：输入螺旋锥角。

b. 方式：选择锥的形式，可以选择尖锥形（沿轴线方向半径减小）和倒锥形（沿轴线方向半径增大）。

c. 轮廓：单击此按钮，选择螺旋的轮廓曲线，控制螺旋半径的变化。一般是草图曲线或平面曲线。

⑧反转方向：单击此按钮，螺旋轴线方向反向，改变螺旋生成方向。

7.1.12 涡线

图标按钮◎的功能是生成涡线（阿基米德涡线），单击该图标按钮，弹出图 7-50 所示的对话框，对话框各项的含义如下：

①支持面：选择基础平面。

②中心点：选择中心点。

③参考方向：选择参考方向。

④起始半径：输入起始半径。

⑤方向：选择螺旋旋向，顺时针或逆时针。

⑥类型：选择生成涡线类型，可以选择角度和半径、角度和螺距、半径和螺距类型。

图 7-50 "螺线曲线定义"对话框

⑦终止角度：输入末圈角度。

⑧终止半径：输入末圈半径。

⑨转数：输入总圈数。

⑩螺距：输入螺距。

7.1.13 脊线

图标按钮 的功能是生成脊线。脊线是由一系列平面生成的三维曲线，使所有平面都是此曲线的法面，或者是由一系列引导线生成的，使脊线的法面垂直于所有的引导线。在扫描、放样或曲面倒角时会用到脊线。可以通过以下两种方式生成脊线：

1）输入一组平面，使所有平面都是此曲线的法面，如图 7-51a 所示。

2）输入一组引导线，使脊线的法面垂直于所有的引导线，如图 7-51b 所示。

单击该图标按钮，弹出图 7-51c 所示的对话框，对话框各项的含义如下：

1）顶部的列表框，用于输入一组平面。

2）中部的列表框，用于输入一组引导线。

3）起点：输入脊线的起点。

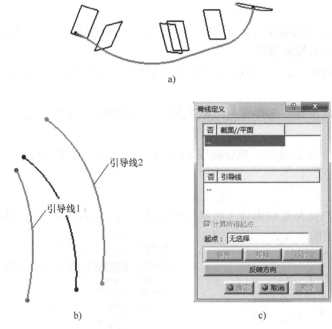

a)

b)

c)

图 7-51 脊线的定义与生成

7.2 生成曲面

生成曲面的"曲面"工具栏如图 7-52 所示。

图 7-52 生成曲面的"曲面"工具栏

7.2.1 拉伸

图标按钮 的功能是生成拉伸曲面。单击该图标按钮，弹出图 7-53 所示的对话框，对话框中各项含义如下：

① 轮廓：输入待拉伸轮廓曲线。

② 方向：输入拉伸方向。

③ 限制 1：输入拉伸界限 1，与拉伸方向相同。

④ 限制 2：输入拉伸界限 2，与拉伸方向相反。

⑤ 反转方向：单击此按钮，拉伸方向反向。

分别在轮廓、方向、限制 1、限制 2 域输入一条轮廓线，一个方向，两个界限值，单击"确定"按钮，即可生成拉伸曲面。

将光标放在曲面的限制 1、限制 2 处，按下鼠标左键拖动上下箭头，可以改变界限。

图 7-53 "拉伸曲面定义"对话框

7.2.2　旋转

图标按钮 的功能是生成旋转曲面。单击该图标按钮，弹出图 7-54 所示的对话框，对话框各项含义如下：

① 轮廓：输入轮廓曲线，必须是平面曲线。

② 旋转轴：输入旋转轴线。

③ 角度 1：输入旋转界限 1，方向和轴线方向成右手螺旋规则。

④ 角度 2：输入旋转界限 2，方向和角度方向相反。

分别在轮廓、旋转轴、角度 1、角度 2 域输入一条轮廓线、一个方向、两个角度界限值，确定后可生成旋转曲面。

图 7-54　"旋转曲面定义"对话框

7.2.3　球面

图标按钮 的功能是生成球面。单击该图标按钮，弹出图 7-55 所示的对话框。对话框中各项含义如下：

① 中心：输入球的中心。

② 球面轴线：输入坐标系，默认的是当前坐标系。

③ 球面半径：输入球的半径。

④ 纬线起始角度：输入纬度起始角度。

⑤ 纬线终止角度：输入纬度结束角度。

⑥ 经线起始角度：输入经度起始角度。

⑦ 经线终止角度：输入经度结束角度。

⑧ 单击此图标按钮 ，则生成球冠。

⑨ 单击此图标按钮 ，则生成球面。

图 7-55　"球面曲面定义"对话框

分别在中心、球面轴线、球面半径、球面限制域输入一个点，一个坐标系，一个半径值和几个角度界限值，确定后可生成球面或球冠，光标放在界限的字符上按下鼠标左键拖动上下箭头，可以改变界限值。

7.2.4　等距

图标按钮 的功能是生成等距曲面。等距曲面是产生一个或几个和曲面对象间距等于给定值的曲面的方法。单击该图标按钮，弹出图 7-56 所示的对话框。对话框中各项含义如下：

① 曲面：输入一个曲面。

② 偏移：输入距曲面的间距值。

③ 反转方向：单击此按钮，变成在原曲面的另一侧生成等距曲面。

④ 双侧：该选项被选中，在原曲面的两侧生成等距曲面。

⑤ 确定后重复对象：该选项被选中，可以重复使用等距曲面命令，产生间距相同的几个等距曲面。

图 7-56　"偏移曲面定义"对话框

分别在曲面、偏移域输入一个曲面，一个距离值，确定后可生成曲面的等距离面，在图形中光标放在距离字符上按下鼠标左键拖动上下箭头，可以改变距离值。

7.2.5 扫掠

图标按钮的功能是生成扫描曲面。扫描是轮廓曲线在脊线的各个法面上扫描连接成
的曲面，单击该图标按钮，弹出"扫掠曲面定
义"对话框，按"轮廓类型"域不同的控制按
钮，分为下面几种扫描类型：

1. 显示扫掠

显示扫掠这种扫描方式需要选择轮廓曲线和
引导线，它们可以是任意形状的空间曲线。如图
7-57 所示对话框，各项的含义如下：

① 轮廓：输入扫描轮廓线，可以是任意形
状曲线。

② 引导曲线：输入第一条引导线。

③ 曲面：输入一个参考曲面，用来控制扫
描时轮廓线的位置，此项是可选项，默认用脊线
控制，如果选择了参考曲面，则用它控制。注意
引导线必须落在此曲面上，除非参考面是平面。

④ 角度：输入角度值，用来和参考面一起
控制扫描轮廓位置。

⑤ 脊线：输入脊线，如不指定，用第一轮
廓线代替。

⑥ 角度修正：该选项被选中，输入一个角
度值，用来光顺扫描面，小于给定角度的切线。

⑦ 定位轮廓：若此按钮为打开状态，手动
设定轮廓和导线之间的相对位置关系。

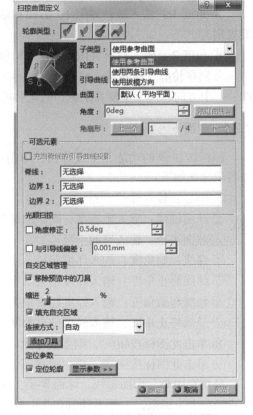

图 7-57 "扫掠曲面定义"对话框

⑧ 显示参数：单击此按钮，出现新的选项，这些选项用来设定轮廓和导线之间的角度和
偏移关系。

2. 直线类轮廓扫掠

按照确定直线轮廓的方式，它又分为七种
子类型，如图 7-58 所示。

3. 圆或圆弧类轮廓扫掠

按照确定圆或圆弧轮廓的方式，它又分为
七种子类型，如图 7-59 所示。

4. 二次曲线类轮廓扫掠

按照确定二次曲线轮廓的方式，它又分为
四种子类型，如图 7-60 所示。

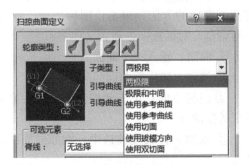

图 7-58 "直线类轮廓扫掠"对话框

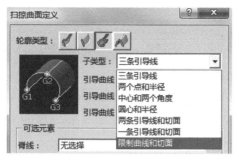

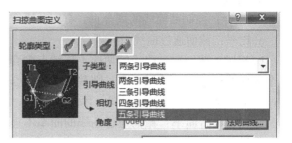

图 7-59　"圆或圆弧类轮廓扫掠"对话框　　　　图 7-60　"二次曲线类轮廓扫掠"对话框

7.2.6　填补

图标按钮 的功能是以选择的曲线作为边界围成一个曲面。单击该图标按钮，弹出图 7-61 所示的对话框，在"边界"域连续输入曲线或已有曲面的边界，即可生成填充曲面。对话框中各项含义如下：

① "边界"列表框：输入曲线或已有曲面的边界。

② 之后添加：单击此按钮，在选取的边界后增加边界。

③ 之前添加：单击此按钮，在选取的边界前增加边界。

④ 替换：单击此按钮，替换选取的边界。

⑤ 移除：单击此按钮，去掉选取的边界。

⑥ 替换支持面：单击此按钮，替换选取边界的支撑曲面。

⑦ 移除支持面：单击此按钮，去掉选取边界的支撑曲面。

⑧ 连续：支撑曲面和围成的曲面之间的连续性控制，可以选择切线连续或点连续。

⑨ 穿越点：输入围成的曲面通过的控制点。

图 7-61　"填充曲面定义"对话框

7.2.7　多截面曲面

图标按钮 的功能是通过放样生成曲面。放样是将一组作为截面的曲线沿着一条选择或自动指定的脊线扫描出的曲面，这一曲面通过这组截面线，如果指定一组引导线，那么放样还要受引导线控制。

单击该图标按钮，弹出图 7-62 所示的对话框，在对话框的截面域输入一组截面线，在对话框的引导线域输入一组引导线，确定后生成放样曲面。

对话框的上部是截面曲线的输入区域，截面曲线不能互相交叉，可以指定与截面曲线相切的支撑面，使放样曲面和支撑面在此截面处相切，由此控制放样曲面的切线方向。在截面曲线上还可指定闭合点，闭合点控制曲面的扭曲状态。

① 引导线：引导线输入页。

② 脊线：脊线输入页，默认值是自动计算的脊线。

③ 耦合：控制截面线的耦合页。有四种耦合方式：

a. 比率：截面通过曲线坐标耦合。

b. 相切：截面通过曲线的切线不连续点耦合，如果各个截面的切线不连续点不等，则截面不能耦合，必须通过手工修改不连续点使之相同，才能耦合。

c. 相切然后曲率：截面通过曲线的曲率不连续点耦合，如果各个截面的曲率不连续点不等，则截面不能耦合，必须通过手工修改不连续点使之相同，才能耦合。

d. 顶点：截面通过曲线的顶点耦合，如果各个截面的顶点不等，则截面不能耦合，必须通过手工修改顶点使之相同，才能耦合。

④ 重新限定：控制放样的起始界限。当此页的按钮按下或没有指定脊线和引导线时，放样的起始界限按照起始截面线确定。如果按钮没有按下，放样按照选择的

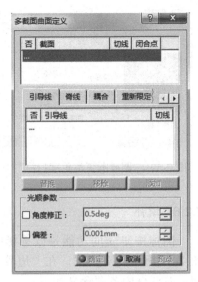

图 7-62 "多截面曲面定义"对话框

脊线确定起始界限，没有选择脊线则按照选择的第一条引导线确定起始界限。

截面线上的箭头表示截面线的方向，必须一致。各个截面线上的闭合点所在位置必须一致，否则放样结果会产生扭曲。

7.2.8 桥接

图标按钮![]的功能是生成混合曲面。混合曲面是指把两个截面曲线连接起来，或者把两个曲面在其边界处连接起来，并且可以控制连接端两曲面的连续性。单击该图标按钮，弹出图 7-63 所示的对话框。

对话框各项的含义如下：

① 第一曲线：输入第一曲线。

② 第一支持面：输入第一条曲线的支撑面，它包含第一曲线。

③ 第二曲线：输入第二曲线。

④ 第二支持面：输入第二条曲线的支撑面，它包含第二曲线。

⑤ 第一连续：选择第一曲线和支撑面的连续性，包括点连续、切线连续和曲率连续三种形式。

⑥ 修剪第一支持面：该选项被选中，用混合曲面剪切支撑面。

⑦ 第一相切边框：选择混合曲面和支撑面是否连续、在何处相切连续，可以选择在第一曲线的两个端点、不相切、起点相切和终点相切。

第二曲线选项的含义和第一曲线选项相同。张度、闭合点以及耦合控制域请参考放样曲面类似的选项。

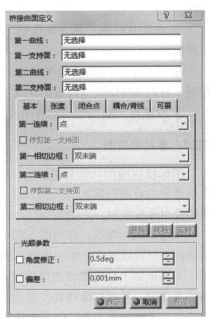

图 7-63 "桥接曲面定义"对话框

7.3 曲面编辑和修改

7.3.1 合并

图标按钮 的功能是将两个以上曲面或曲线合并成一个曲面或曲线。单击该图标按钮，弹出图 7-64 所示的对话框，分别在"要接合的元素"输入框中输入需要合并的曲线或曲面，确定后可合并成一个曲线或曲面。对话框中各项含义如下：

① 要接合的元素：输入要合并的元素。

② 检查连接性：检查输入元素的连接性，如果合并元素不是连接的，检查后产生错误警告。

③ 合并距离：输入距离阈值，在检查连接性中使用，小于阈值的间隙忽略，认为连续。

图 7-64 "接合定义"对话框

7.3.2 修复

图标按钮 的功能是填充曲面间的间隙，在曲面连接检查后或曲面合并后存在微小缝隙的情况下使用。单击该图标按钮，弹出图 7-65 所示的对话框。对话框中各项含义如下：

① 要修复的元素：输入要修复的元素。

② 连续：选择连续性的类型，可以选择点连续或相切连续。

③ 合并距离：输入距离阈值，小于阈值的间隙被修复。

④ 距离目标：输入距离目标值，修复结果一般小于此值。

⑤ 相切角度：输入角阈值，小于阈值的切线不连续被修复。

⑥ 相切目标：输入角度目标值，修复结果一般小于此值。此项和上面选项只在相切连续时才起作用。

图 7-65 "修复定义"对话框

7.3.3 平滑曲线

图标按钮 的功能是光顺曲线，去掉曲线上的间隙，减小曲线的切线和曲率不连续性，从而提高曲线的质量。单击该图标按钮，弹出图 7-66 所示的对话框。对话框中各项含义如下：

① 要光顺的曲线：选择要平滑的曲线。

② 相切阈值：输入切线角度变化的阈值，小于阈值进行光顺，大于阈值改善光顺性。

③ 曲率阈值：输入曲率变化的阈值，小于阈值进行光顺，大于阈值改善光顺性。

④ 最大偏差：输入光顺前后曲线偏离最大允许值。

⑤ 显示的解法：选择显示的内容，选择"全部"，显示所有光顺结果。选择"尚未更正"，只显示没有光顺成功的位置。选择"无"，不显示结果。

⑥ 交互显示信息：若此项被选中，交互式显示结果，显示光标处的光顺结果。

⑦ 按顺序显示信息：若此项被选中，用前后键顺序只显示一个结果。

⑧ 支持曲面：输入指定的支撑曲面，光顺后的曲线保证在此曲面上。

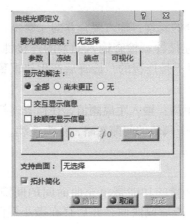

图 7-66 "曲线光顺定义"对话框

7.3.4 分解

图标按钮▉的功能是分解线框或曲面。此功能是合并的逆操作，把合并的结果拆成合并前的元素，有拆成最小单位和部分拆开两种方式。

7.3.5 分割

图标按钮▉的功能是分割曲线或曲面，可分为：①曲线被点、曲线或曲面分割；②曲面被曲线或曲面分割。分割对话框如图 7-67a 所示，单击按钮 显示参数 >> ，弹出如图 7-67b 所示的对话框，对话框中各项含义如下：

① 要切除的元素：输入被分割对象。

② 切除元素：选择分割的元素，可以是多个元素。

③ 移除、替换：去掉或替换分割元素。

④ 另一侧：单击此按钮，切换保留部分。

⑤ 支持面：选择基础面，基础面用来影响被切割曲线的保留结果。

⑥ 保留双侧：选择此项，可以把分割的两部分均保留。

⑦ 相交计算：选择此项，可以计算出分割和被分割元素的公共部分。

a)

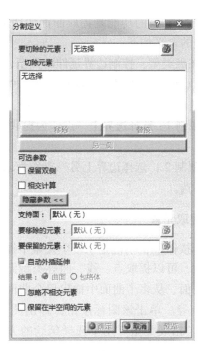

b)

图 7-67　"分割定义"对话框

7.3.6　剪切

图标按钮 的功能是在两个元素之间
进行切割，如图 7-68 所示。对话框中选项
说明如下：

① 要移除的元素：此域用来输入剪切
的第一个元素。

② 要保留的元素：此域用来输入剪切
的第二个元素。

③ 另一侧 / 下一元素：切换第一元素
保留的部分。

④ 另一侧 / 上一元素：切换第二元素
保留的部分。

图 7-68　"修剪定义"对话框

7.3.7 提取曲面边界

图标按钮⌒的功能是提取曲面的边界。单击该图标按钮，弹出图 7-69 所示的对话框，其中各项的含义如下：

① 拓展类型：控制边界延伸的类型，可以选择完整边界、点连续、相切连续和无拓展四种。

② 曲面边线：选择曲面的边界线。

③ 限制 1：选择边界上一点作为提取结果的界限，可不选。

④ 限制 2：选择边界上另一点作为结果边界的界限，可不选。

图 7-69 "边界定义"对话框

7.3.8 提取元素

图标按钮的功能是从多个元素中提取出一个或几个元素，可以提取点、线、面等类型元素，如从形体抽出表面、从多个曲面中抽出单个曲面、从曲线上提取端点等。单击该图标按钮，弹出图 7-70 所示的对话框。"拓展类型"用于选择延续的方式，可以选择点连续（只要边界相连，则向下延续）、相切连续（只有相切，才向下延续）、曲率连续（只有接触点曲率相同，才向下延续）和无拓展三种。

图 7-70 "提取定义"对话框

7.3.9 倒两曲面的圆角

图标按钮的功能是倒两曲面的圆角。单击该图标按钮，弹出图 7-71 所示的对话框，对话框各项的含义如下：

① 支持面 1：第一个曲面或平面。

② 修剪支持面 1：控制是否剪切第一曲面。

③ 支持面 2：选择第二个曲面或平面。

④ 修剪支持面 2：控制是否剪切第二曲面。

⑤ 半径：输入连接圆弧面的半径。

⑥ 二次曲线参数：选择圆弧面的过渡方式。可以选择平滑过渡、直线过渡、最大状态过渡和最小状态过渡。

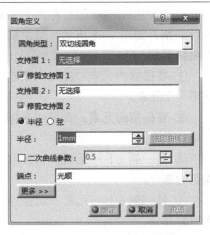

图 7-71 "圆角定义"对话框

7.3.10 平移、旋转、对称、缩放、仿射和阵列

平移、旋转、对称、缩放、仿射和阵列的操作与三维形体的操作基本相同，详见第 4 章。

缩放和仿射的不同之处是：前者 X、Y、Z 方向的比例系数相同，后者 X、Y、Z 方向的比例系数可以不同。

7.3.11 反转方向

图标按钮的功能是反向操作，单击后弹出的对话框如图 7-72 所示。有些命令允许通过反向操作改变生成的结果，如调用等距命令生成等距面时，改变等距方向可以在原曲面的另一侧生成等距。

图 7-72 "反转定义"对话框

7.4 曲线、曲面分析功能简介

7.4.1 连接分析

单击图标按钮，弹出对话框如图 7-73 所示。该功能是对两个相邻的曲面进行连接特性的分析。有以下分析种类：

1）曲线 - 曲线连接分析。

2）曲面 - 曲面连接分析。

3）曲面 - 曲线连接分析。

分析的结果用颜色图谱形式显示出来，如可以用不同的颜色表示不同的距离，也可以用梳状线显示。还提供了快速分析的功能，通过给定距离、角度或曲率的阈值，分析结果只显示大于阈值的位置。

若切线分析结果和曲率分析结果均大于阈值，则只显示切线结果。

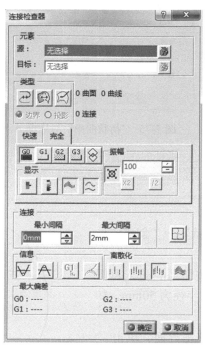

图 7-73 "连接检查器"对话框

7.4.2 拔模特征分析

拔模特征分析用于模具设计中，确定曲面的拔模特性。在铸造毛坯设计中也经常用到拔模分析。

用指南针指定拔模方向，选择分析曲面，单击该图标按钮，即可进入拔模分析，如图 7-74 所示。注意，显示模式要选择，才能显示出效果。

7.4.3 曲线曲率分析

图标按钮的功能是曲线曲率分析。此功能可以分析曲线或者曲面边界的曲率和曲率半径分布。分析结果可以用梳状线显示出来，如图 7-75 所示。

7.4.4 曲面曲率分析

图标按钮的功能是曲面曲率分析，主要用于高质量的曲面设计，利用此功能可以找到曲率突变点，如图 7-76 所示。

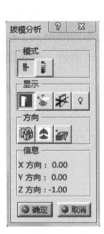

图 7-74 "拔模分析"对话框

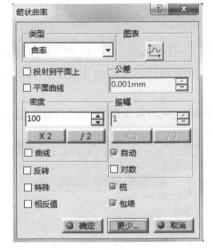

图 7-75 "箭状曲率"对话框

图 7-76 "曲面曲率"对话框

7.5 曲面设计实例

1. 旋转楼梯的绘制

1）单击"开始"→"形状"→"创成式外形设计"，进入曲面设计界面。

2）选择 xy 界面，单击按钮，进入草图界面，绘制草图 1 圆弧，圆弧半径为 50mm，如图 7-77 所示。

3）单击按钮，退出草图界面，单击按钮，对草图 1 进行拉伸，方向为 Z 方向，长度为 200mm，拉伸后的图形如图 7-78 所示。

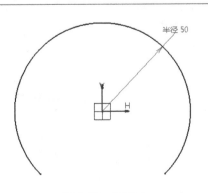

图 7-77 草图 1

图 7-78　"拉伸曲面定义"对话框及拉伸后的图形

4）单击 xy 平面进入草图绘制界面，绘制图 7-79 所示的草图 2，直线长度为 400mm。

图 7-79　草图 2

5）单击按钮 🔲，退出草图界面，单击 📐 按钮，对草图 2 进行拉伸，方向为 Z 方向，长度为 200mm，拉伸后的图形如图 7-80 所示。

图 7-80　拉伸草图 2

6）单击 xy 平面进入草图绘制界面，绘制图 7-81 所示的草图 3，直线长度为 40mm。

7）单击按钮 ，退出草图界面，单击 按钮，对草图 3 进行拉伸，方向为 X 方向，长度为 20mm，如图 7-82 所示。

8）单击 按钮，对草图 3 形成的拉伸体"拉伸.3"进行拉伸，方向为 Z 方向，长度为 10mm，如图 7-83 所示。

9）单击 ，在小矩形侧边建立直线，如图 7-84 所示。

10）单击阵列 按钮，选择小矩形，实例为 20，参考元素选择所建直线，间距选项右击鼠标，选择测量间距，测量矩形侧边对角线长度，即为所建直线长度，如图 7-85 所示。

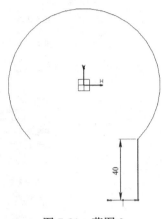

图 7-81　草图 3

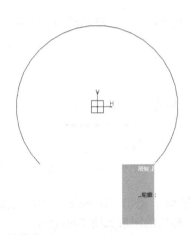

图 7-82　拉伸草图 3

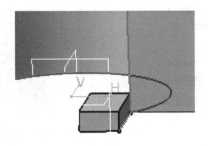

图 7-83　对"拉伸.3"进行拉伸

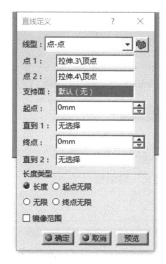

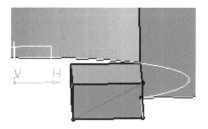

图 7-84　绘制直线

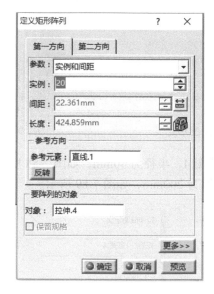

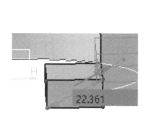

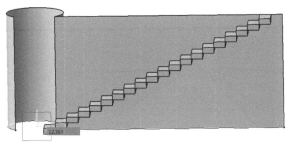

图 7-85　建立矩形阵列

11）单击按钮 ，弹出"包裹曲面变形定义"对话框，依次选择阵列、大矩形面、圆弧拉伸面，包裹类型为法线，如图 7-86 所示，单击"确定"按钮，结果如图 7-87 所示。

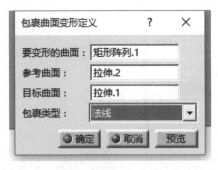

图 7-86　"包裹曲面变形定义"对话框

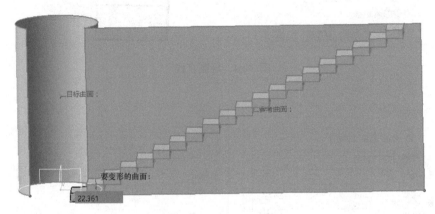

图 7-87　进行曲面变形定义

12）选择 xy 界面，进入草图工作台，创建草图 4，半径为 30mm，如图 7-88 所示。

13）退出草图界面，对草图 4 进行拉伸，长度为 200mm，如图 7-89 所示。

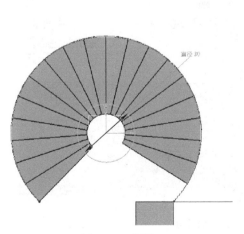

图 7-88　草图 4

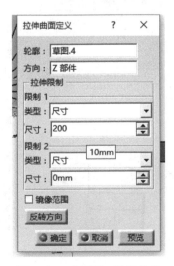

图 7-89　对草图 4 进行拉伸

14）单击填充按钮 　 ，选择草图 4 拉伸所得曲面的上表面进行填充，如图 7-90 所示。

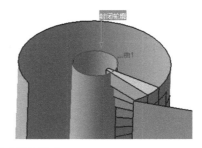

图 7-90　对图形进行填充

15）同理，对下表面进行填充，隐藏无关图形，得到旋转楼梯，如图 7-91 所示。

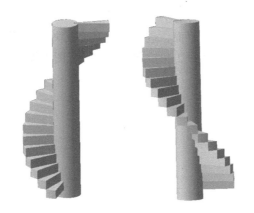

图 7-91　旋转楼梯

2. 电话设计

1）选择菜单"文件"→"新建"，选择"Part"类型，建立新文件。选择菜单"开始"→"形状"→"创成式外形设计"，进入曲面设计模块。

2）单击图标按钮，选择 yz 平面，进入草图设计界面，绘制图 7-92 所示的草图。注意：原点是圆弧的中点。

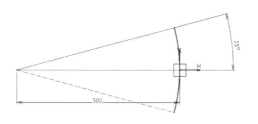

图 7-92　草图 1

3）单击图标按钮 ，双向拉伸草图 1，限制 1 限制 2=45mm，得到图 7-93 所示的拉伸面 1。

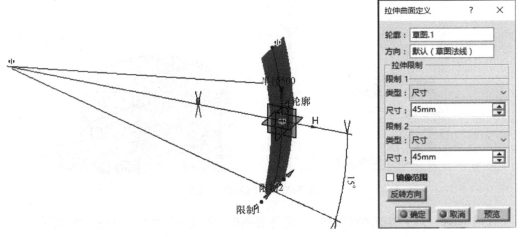

图 7-93　生成拉伸面 1

4）单击图标按钮 ，选择 zx 平面，进入草图设计模块，绘制图 7-94 所示的草图 2。

5）单击图标按钮 ，选择草图 2 和拉伸面 1，将草图 2 投射到拉伸面 1 上，如图 7-95 所示。

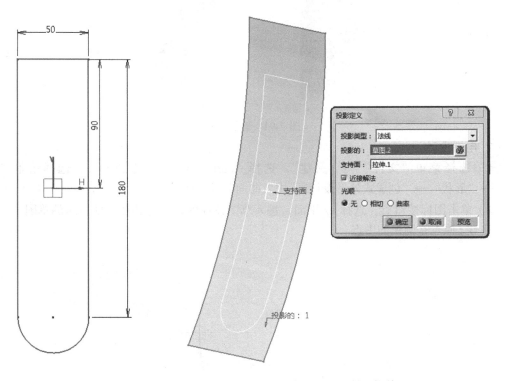

图 7-94　在 zx 平面绘制草图 2　　　　　图 7-95　将草图 2 投射到拉伸面 1 上

6）单击图标按钮 ，用第 5）步投影，即项目 1 裁掉拉伸面的外部，如图 7-96 所示。

图 7-96　用项目 1 裁掉拉伸面 1 的外部

7）单击图标按钮 ，选择项目 1，方向为 Y 轴，拉伸长度为限制 1=8mm，得到图 7-97 所示的拉伸面 2。

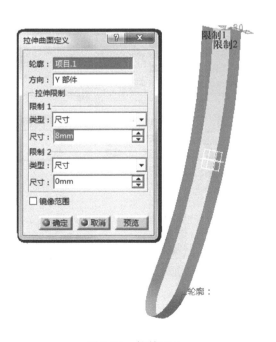

图 7-97　拉伸面 2

8）单击图标按钮▦，选择分割 1 和拉伸 2，将两者合并，如图 7-98 所示。

图 7-98　合并剪裁后的曲面和拉伸面 2

9）单击图标按钮⤵，选择顶部的两个尖角，输入圆角半径 20mm，如图 7-99 所示。

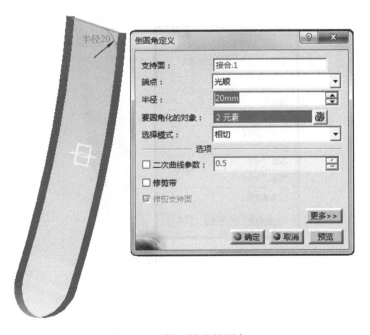

图 7-99　倒两棱边的圆角

10）单击图标按钮 ，选择底面的棱边，输入圆角半径 3mm，如图 7-100 所示。

11）单击图标按钮 ，选择曲面的任意边界，提取曲面的整个边界，如图 7-101 所示。

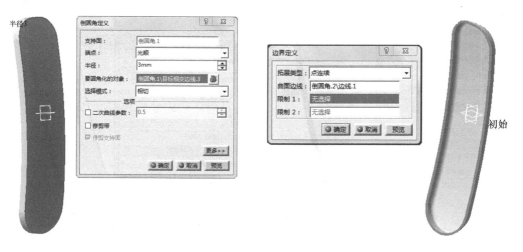

图 7-100　底面棱边的圆角　　　　　　　　　　图 7-101　提取曲面边界

12）单击图标按钮 ，选择提取的边界，填充图 7-102 所示的曲面。

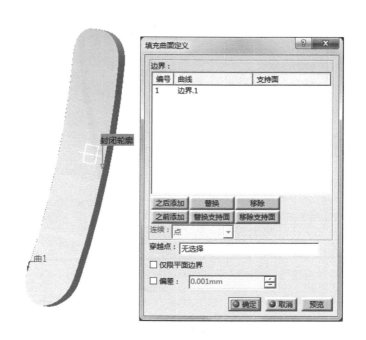

图 7-102　填充边界的曲面

13）单击图标按钮 ，选择填充曲面边界，选择曲线长度比率，选择顶部端点为参考点，在边界生成点 1，然后单击图标按钮 ，选择点 2，形成另一个点，如图 7-103 所示。

14）单击图标按钮 ，选择填充的表面，选择上述两点作为边界的界限，提取部分上表面的边界，如图 7-104 所示。

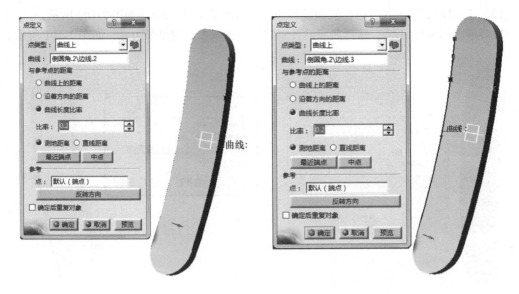

图 7-103　在填充曲面边界上生成两点

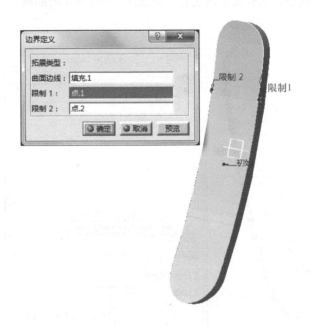

图 7-104　提取填充曲面上边界

15）单击图标按钮，选择轮廓类型为图标按钮，子类型为"使用参考曲面"，引导曲线 1 为边界 3，参考曲面为填充 1，角度为 75°，长度 1 为 16mm，生成图 7-105 所示的扫描曲面。

16）单击图标按钮，选择步骤 13）生成的两个点，选择填充面 1 为基础面，生成直线，如图 7-106 所示。

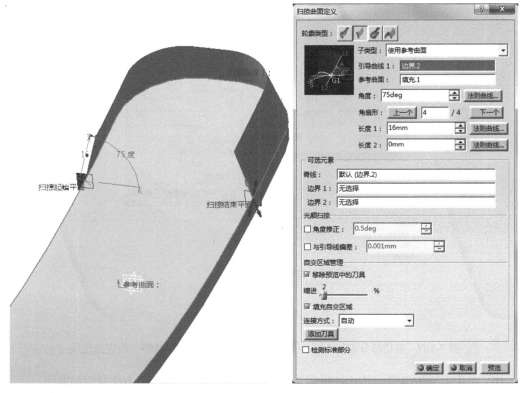

图 7-105 生成扫描曲面 1

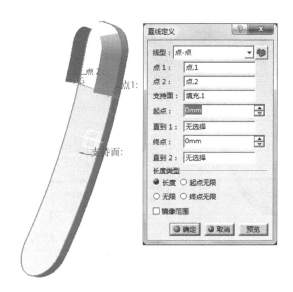

图 7-106 生成直线

17）单击图标按钮 ，依次选择填充 1 和直线 1，剪掉上部，如图 7-107 所示。

18）单击图标按钮 ，选择扫描曲面的两个尖点，连线如图 7-108 所示。

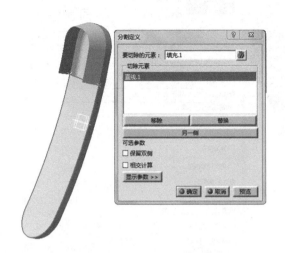

图 7-107 剪切部分表面

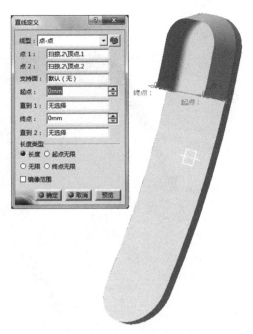

图 7-108 两尖点连线

19）单击图标按钮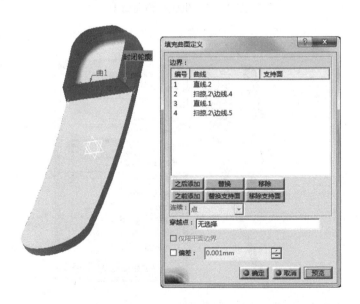，依次选择图 7-109 所示的边界，生成图 7-109 所示的曲面。

图 7-109 填充曲面 2

20）单击图标按钮，依次选择图 7-110 所示边界，填充成图 7-110 所示的曲面。

21）单击图标按钮，在特征树上选择填充 3，向下偏移 2mm，然后隐藏填充 3，如图 7-111 所示。

22）单击图标按钮，选择偏移 1，距离为 0mm，生成曲面的中心点，如图 7-112 所示。

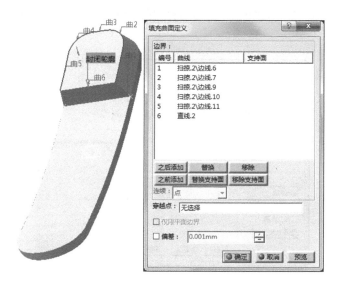

图 7-110　填充曲面 3

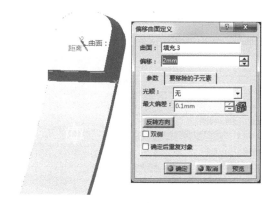
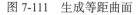

图 7-111　生成等距曲面

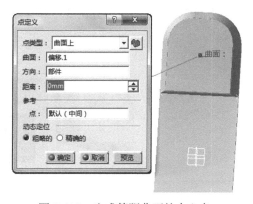

图 7-112　生成等距曲面的中心点

23）单击图标按钮 ◯ ，中心为点 4，半径为 12mm，支持面为偏移 1，选择圆限制，如图 7-113 所示。

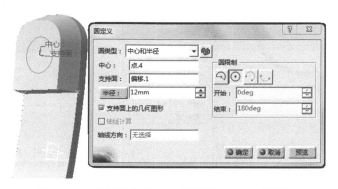

图 7-113　在等距曲面上生成半径为 12mm 的圆

24）单击图标按钮 ⬚，依次选择等距曲面和其上面的圆，如图 7-114 所示。

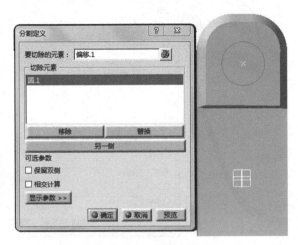

图 7-114　剪切圆的外部

25）单击图标按钮 ⬚，选择轮廓类型为 ⬚图标按钮，子类型为"使用参考曲面"，引导曲线 1 为圆 2，参考曲面为分割 3，角度为 45°，长度 1 为 10mm，生成图 7-115 所示的扫掠曲面 2。

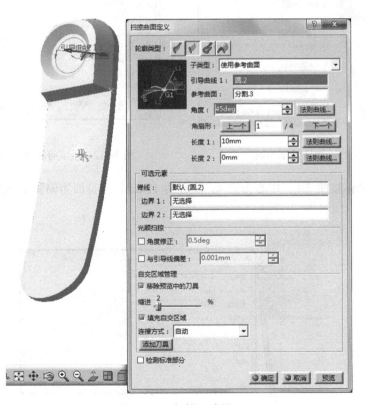

图 7-115　扫描生成锥面

26）单击图标按钮 ，重新显示填充 3。单击图标按钮 ，选择填充 3 和扫掠 2，单击"另一侧"，修剪结果如图 7-116 所示。

27）单击图标按钮 ，选择"曲面的切线"类型，选择曲面为分割 3，点为点 4。如图 7-117 所示。

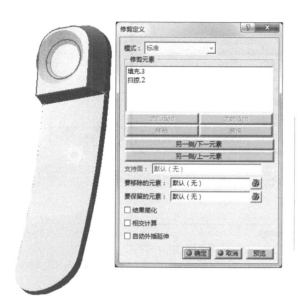

图 7-116　剪切曲面　　　　　　　　　　图 7-117　生成切平面

28）选择平面 1，单击图标按钮 ，进入草图模块，如图 7-118 所示。

29）单击图标按钮 ，将草图 3 投射到分割 3 上，如图 7-119 所示。

图 7-118　绘制草图 3　　　　　　　　　图 7-119　将草图 3 投射到分割 3 上

30）单击图标按钮 ，依次选择分割 3 和项目 3，如图 7-120 所示。

31）单击图标按钮 ，依次选择分割 2 与两个顶点，如图 7-121 所示。

32）单击图标按钮 ，选择曲面为分割 2，距离为 27.735mm，如图 7-122 所示。

33）单击图标按钮 ，选择提取边界端点和上述生成的点，生成三点圆弧，如图 7-123 所示。

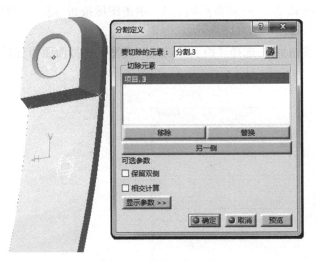

图 7-120　剪切听筒小孔

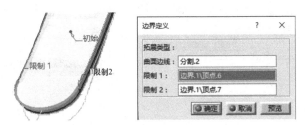

图 7-121　提取圆弧

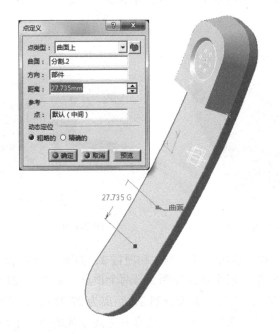

图 7-122　在曲面上提取一点

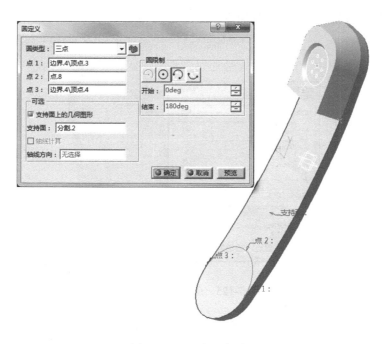

图 7-123　生成三点圆弧

34）单击图标按钮，选择步骤 33）的圆弧和步骤 31）的边界，将两者合并，如图 7-124 所示。

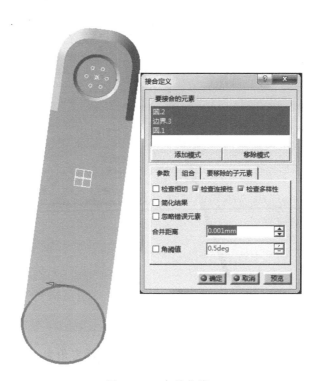

图 7-124　合并曲线

35）单击图标按钮 ，生成坐标原点，X=Y=Z=0，如图 7-125 所示。

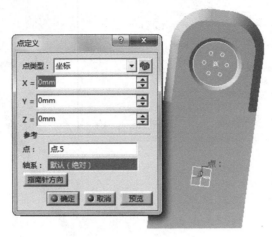

图 7-125　生成坐标原点

36）单击图标按钮 ，生成从原点开始，沿 X 方向、长度为 20mm 线段，如图 7-126 所示。

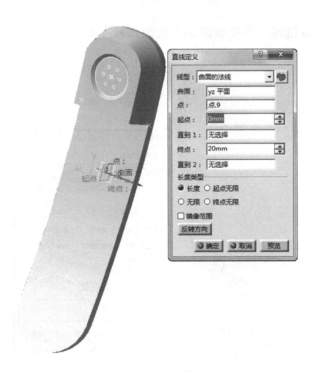

图 7-126　生成线段

37）单击图标按钮 ，生成以直线 3 为轴，和 zx 平面夹角为 −15° 的平面，如图 7-127 所示。

38）单击图标按钮 ，生成和上一步平面距离为 10mm 的等距平面，如图 7-128 所示。

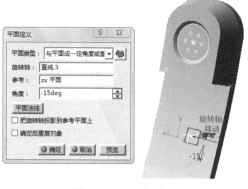

图 7-127　生成平面

图 7-128　生成等距平面

39）选择平面 3 进入草图模块，绘制图 7-129 所示的草图。

40）单击图标按钮 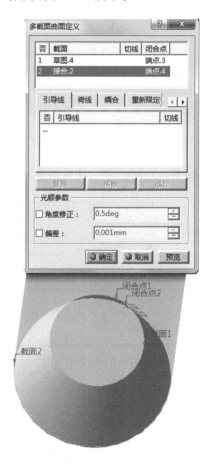，选择草图 4 和接合 2，结果如图 7-130 所示。

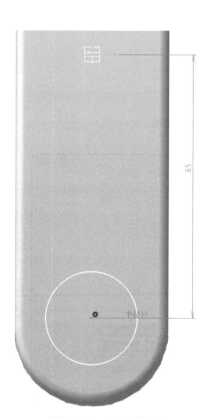

图 7-129　生成草图 4

图 7-130　放样台阶面

41）单击图标按钮 ，依次选择分割 2 和接合 2，单击"另一侧"，剪掉曲线内部，如图 7-131 所示。

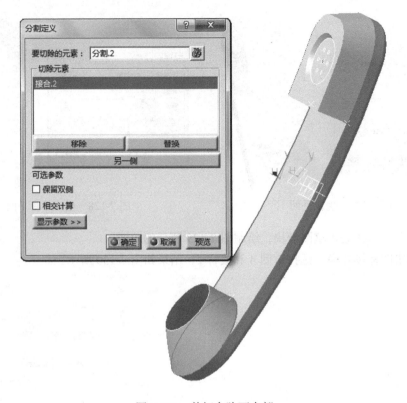

图 7-131　剪切台阶面内部

42）单击图标按钮 ⌣，选择草图 4，填充如图 7-132 所示。

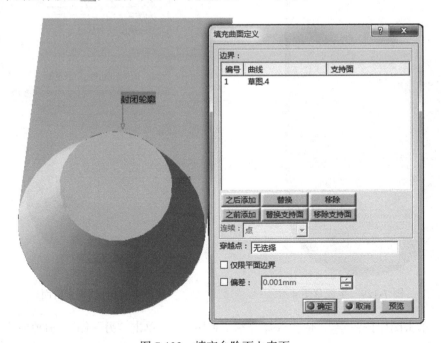

图 7-132　填充台阶面上表面

43）选择步骤 41）的平面，进入草图模块，绘制图 7-133 所示的草图 5。

44）单击图标按钮 ，依次选择填充 4 和草图 5，单击"另一侧"，剪切三个长槽，如图 7-134 所示。

45）单击图标按钮 ，选择上述生成的所有外表面，将它们合并在一起，如图 7-135 所示。

46）单击图标按钮 ，选择图 7-136 所示的棱边，输入圆角半径为 10mm。

图 7-133　草图 5

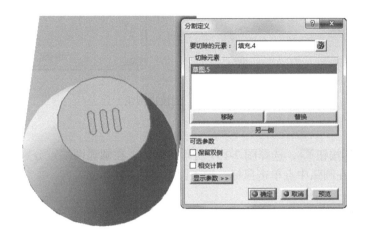

图 7-134　剪切拾音槽

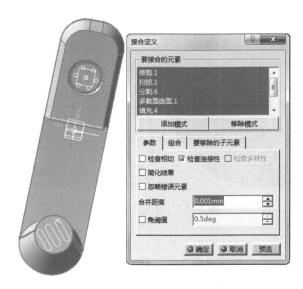

图 7-135　合并所有的外表面

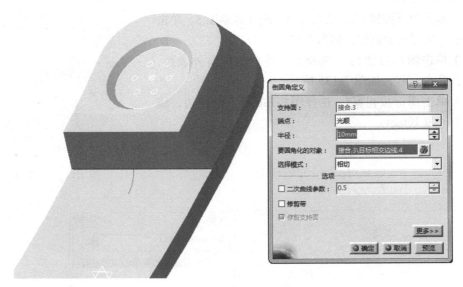

图 7-136　倒棱边圆角

47）单击图标按钮 🔧，选择图 7-137 所示的棱边，在圆弧两端点分别单击鼠标，输入圆角半径为 0mm；在圆弧中点单击鼠标，输入圆角半径为 10mm。

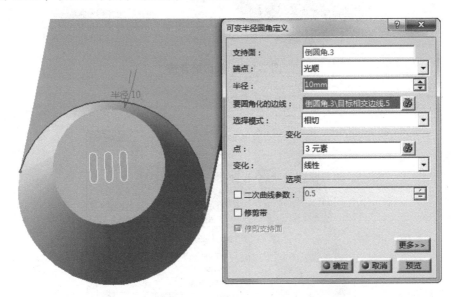

图 7-137　可变半径倒圆角

48）单击图标按钮 🔧，选择图示两个面，输入半径为 2mm，如图 7-138 所示。

49）选择所有外表面，右击属性，然后填充颜色，如图 7-139 所示。

图 7-138　倒上表面棱边的圆角

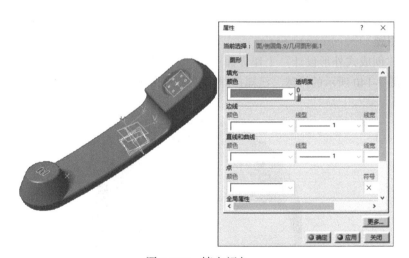

图 7-139　填充颜色

本 章 小 结

CATIA V5 中有多个模块，如线框和曲面设计、创成式曲面设计和自由曲面造型等众多模块都与曲面设计有关。本章讲解了 CATIA V5 创成式曲面设计的基础知识，主要内容有空间点、空间曲线与曲面特征创建、曲面特征修饰、曲面特征变换和组合等方法。通过本章的学习，初学者能够熟悉 CATIA V5 曲面特征的基本命令。本章的重点和难点为空间曲线和曲面的特征创建、曲面特征修饰的应用，希望初学者按照讲解方法和实例多加练习。

课 后 练 习

一、选择题

1. "分割曲面"按钮的主要功能是用一个完整的（　　　）将实体分割为两个部分。

A. 实体 　　　　　　 B. 平面 　　　　　　 C. 曲面 　　　　　　 D. 样条曲线

2. 在曲面建模中，要创建变半径圆角，使用（　　　）命令。

A. 🐿 　　　　　　 B. 🦅 　　　　　　 C. 🦆 　　　　　　 D. 🐬

3. 关于命令 ⌂（填充）的下列叙述，错误的是（　　　）。

A. 边界不必闭合 　　　　　　　　　　 B. 如有必要，可定义曲面将通过的点

C. 如有必要，可向边界添加其他元素 　　 D. 可替换支持曲面

4. 以下对于曲面几何图形的描述，错误的是（　　　）。

A. 曲面几何图形可以描述较为复杂的 3D 外形

B. 由于曲面元素用来描述外形，因此它没有厚度

C. 曲面几何图形可以完全集成到实体零件中

D. 分割修剪曲面比外插延伸难许多，因此曲面不宜做太大

5. 如要同时对两个相交元素进行修剪，应选用以下（　　　）命令。

A. 🦅 　　　　　　 B. 🦢 　　　　　　 C. 🐋 　　　　　　 D. ⚓

6. 如要创建二次曲线（抛物线、双曲线、椭圆），应选用以下（　　　）命令。

A. 🐋 　　　　　　 B. 🐍 　　　　　　 C. 🦏 　　　　　　 D. 🐚

二、绘图题

1. 请在"创成式外形设计"工作界面上用"旋转""对称""分割曲面""倒圆角"等特征工具绘制图 7-140 所示的排球。已知排球半径为 50mm，如有需要，其余尺寸可参考实物。

图 7-140　排球

2. 请在"创成式外形设计"工作界面上试用"螺旋线""圆"和"扫掠"等特征工具绘制图 7-141a 所示的吊钩弹簧，主要参数尺寸如图 7-141b 和 c 所示。

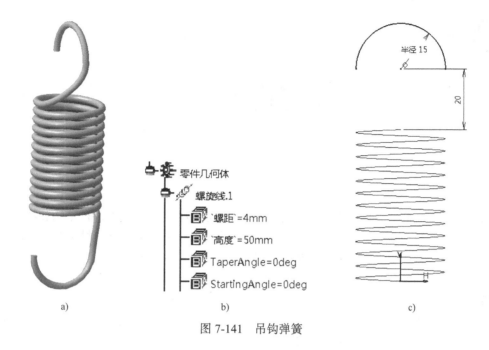

a)　　　　　　　　　　b)　　　　　　　　　　c)

图 7-141 吊钩弹簧

3. 请用"直线""扫掠"等工具创建图 7-142 所示的五角星, 已知五角星边长为 80mm。

图 7-142 五角星

第8章

装 配 设 计

8.1 概述

　　装配设计是机械产品设计不可缺少的一部分，它能够很好地制定产品的结构和特征，方便工程人员对产品的认知。CATIA V5 装配设计模块可以很方便地定义机械装配之间的约束关系，实现零件的自动定位，并检查装配之间的一致性，它可以帮助设计师自上而下或自下而上地定义、管理多层次的大型装配结构，使零件的设计在单独环境和装配环境中实现。

　　装配设计是机械设计的一个重要模块。大多数的机械设计中包括诸多零件、部件，都需要通过装配才能形成一个整体，达到设计目的。装配设计平台中包含约束、移动、约束创建、产品结构工具、装配件特征和空间分析六个常用工具栏。

1. 装配设计平台的进入

　　进入 CAITA V5 装配模块常用的模式有以下两种：

　　1）单击"开始"→"机械设计"→"装配设计"，进入三维装配界面。

　　2）单击菜单"文件"→"打开"或"新建"，在随后弹出的图 8-1 所示对话框中选择"Product"文件类型，进入三维装配模块。

2. 相关术语和概念

　　零件：零件是组成部件与产品最基本的单位。

　　部件：部件可以是一个零件，也可以是多个零件的装配结果。它是组成产品的主要单位。

　　装配：装配也称为产品，是装配设计的最终结果。它是由部件之间的约束关系及部件组成的。

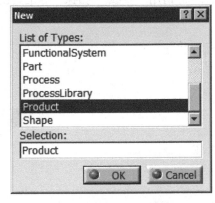

图 8-1　从"文件"菜单进入
三维装配体模块

　　约束：在装配过程中，约束是指部件之间相对的限制条件，可用于确定部件的位置。

8.2 创建新的装配模型的一般过程

8.2.1 装配零部件管理

　　装配设计平台的操作对象主要是已经设计完成的各种零部件，因此管理功能的"产品结构工具"工具栏是设计平台的核心工具栏。该工具栏包括"部件"工具、"产品"工具、"零件"工具、"现有部件"工具、"具有定位的现有部件"工具、"替换部件"工具、"图形树重新排序"工具、"生成编号方式"工具、"选择性加载"工具、"管理展示"工具和"快速多实例化"工具，如图8-2所示。

图8-2 "产品结构工具"对话框

1. 新零部件

在装配设计平台中可以创建三种零部件，分别是部件、产品和零件。

"部件"工具，是在指定的产品下创建新组件的工具，该组件名称不存盘，选择结构树中的 Product1，单击该工具按钮，一个组件 Product2 创建完成。

"产品"工具，是在指定的产品下创建新的产品的工具，选择结构树中的 Product1，单击该工具按钮，一个组件 Product3 创建完成。此产品的数据存储在独立的新文件内。

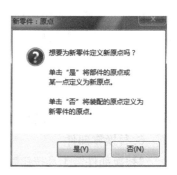

图8-3 "新零件"对话框

"零件"工具，是在指定的产品或组件下创建新的零部件的工具，选择结构树中的 Product1，单击该工具按钮，一个零件 Part1 创建完成。

在插入新零件时，先激活"零件"按钮，还需要选择装配文件。此时，出现图8-3所示的对话框：

是：可以在图上选择一个点，零件就以这个点为原点插入文件。

否：将把已经存在装配文件中的原点作为新插入零件的原点。

2. 插入部件

图标按钮的功能是将一个部件插入当前产品，在这个部件之下还可以插入其他产品或零件。有关这个部件的数据直接存储在当前产品内。选择要装配的产品，单击该图标，特征树增加了一个新节点，如图8-4所示。

图8-4 插入一个部件

a）插入前 b）插入后

3. 插入一个产品

图标按钮 的功能是将一个产品插入当前产品，在这个产品之下还可以插入其他产品或零件，有关这个产品的数据存储在独立的新文件内。选择要装配的产品，单击该图标，特征树增加了一个新节点，如图8-5所示。

4. 插入新零件

图标按钮 的功能是将一个新零件插入当前产品，这个零件是新创建的，它的数据存储在独立的新文件内。

选择要装配的产品，单击该图标，特征树增加了一个新节点，如图8-6所示。

双击新节点的下一层节点，如双击图8-6c 的节点 ，进入零件设计模块，创建一个新零件。

图8-5 插入一个产品

a）插入前 b）插入后

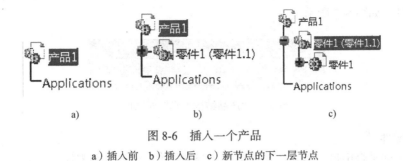

a)　　　　　　　　b)　　　　　　　　c)

图 8-6　插入一个产品

a）插入前　b）插入后　c）新节点的下一层节点

5. 加载已经存在的零部件

"现有部件"工具按钮和"具有定位的现有部件"工具按钮用于加载已经存在的各种零部件。单击"现有部件"工具按钮，并在结构树中指定加载到的目标组件后，系统弹出文件选择对话框，选择零部件，该零部件就加载到指定的组件下，如图 8-7 所示。可以按住〈Ctrl〉键选择多个部件，可同时添加，实现多重插入。

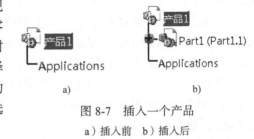

a)　　　　　　　　b)

图 8-7　插入一个产品

a）插入前　b）插入后

6. 替换零部件

"替换部件"工具按钮，是用新加载的零部件替换当前装配设计平台中零部件的工具。单击该工具按钮，选择需要被替换的零部件，系统弹出文件选择对话框，选择替换零部件，系统弹出"对替换的影响"对话框，如图 8-8 所示，该对话框的列表框中列出了执行该操作后将受到影响的元素，单击"确定"按钮完成替换操作。

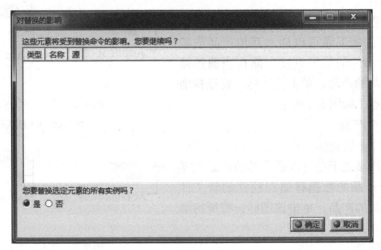

图 8-8　"对替换的影响"对话框

7. 结构树排序

"图形树重新排序"工具用于调整结构树上选中产品的子产品的顺序的工具。单击该"工具按钮"，在结构树上选择重新排序的"组件"或"产品标签"，系统弹出"图形树重新排序"对话框，如图 8-9 所示。

单击"上移选定产品"工具按钮，将选定的零部件向上移动，单击"下移选定产品"工具按钮，将选定的零部件向下移动。单击"移动选定产品"工具按钮，交换两个选定零部件之间的位置。

8. 生成编号

图标按钮![AP]的功能是将产品内的零件编上序号。选择要编码的产品，如选择图 8-7b 所示的特征树产品 1，单击图标![AP]，弹出图 8-10 所示的对话框。

图 8-9　"图形树重新排序"对话框

图 8-10　"生成编号"对话框

如果要编码的零件已经有了编号，"现有数字"栏将被激活，可以选择"保留"或"替换"，单击"确定"按钮，完成编码。

光标指向部件，单击鼠标右键，通过上下文相关菜单的属性选项可以看到部件的编号。

9. 选择性加载

图标按钮![]的功能是设置产品的状态。该功能可以由用户决定，在打开一个产品时，哪些部件加载，哪些部件不加载。当产品含有大量的部件时，该功能可以减轻系统的负担，提高系统的运行效率。此外，该功能还可以隐藏或显示已加载的部件。

注意，实现加载或卸载部件的必要条件是已经打开了快取功能。在打开了快取功能的状态下，刚打开一个产品时，所有的部件都处于卸载状态。卸载状态的显著标志是部件左侧无"+"号。

10. 零部件管理

"管理展示"工具![]是用于管理组件基本属性的工具。单击该工具按钮，选择任意零部件，系统弹出管理表达对话框，如图 8-11 所示。该对话框显示选择零部件的名称、路径和类型等。通过该对话框可以对选择的零部件进行关联、移除、替换、重命名和激活等操作。

11. 复制零部件

"快速多实例化"工具是用于对加载的零部件按照一定的方式进行复制装配的工具，常用于一个产品存在多个相同零部件时。单击"快速多实例化"工具按钮![]右下黑色三角，展开"多实例化"工具栏，该工具栏包括"快速多实例化"工具和"定义多实例化"工具。

（1）**定义多实例化**　将一个部件沿着指定的方向进行阵列复制。

图标按钮![]的功能是定义在 X、Y、Z 或给定方向上复制等间距的多个部件，形成单行阵列。但是在部件之间并不施加约束。单击该图标，弹出图 8-12 所示定义单行阵列的"多实例化"对话框。该对话框各项的含义如下：

图 8-11 "管理展示"对话框

图 8-12 "多实例化"对话框

① 要实例化的部件：输入要形成阵列的部件。

② 参数：确定阵列参数的方法，有以下三种选择：

a. 实例和间距：单行阵列的项数和间距。

b. 实例和长度：单行阵列的项数和总长度。

c. 间距和长度：单行阵列的间距和总长度。

③ 新实例：输入阵列的项数。

④ 间距：阵列的间距。

⑤ 长度：输入阵列的总长度。

⑥ 参考方向：定义单行阵列的方向。

a. 轴：指定 X、Y、Z 坐标轴之一作为单行阵列的方向。

b. 或选定元素：选择一条直线作为单行阵列的排列方向。

⑦ 反向：阵列的排列方向反向。

⑧ 结果：显示选定方向的三个坐标分量。

⑨ 定义为默认值：将当前参数作为阵列的默认参数。

例如选取图 8-13a 所示的螺栓，项数和间距作为确定阵列的方法，项数为 4，间距为 25mm，X 轴作为阵列的排列方向，单击"确定"按钮，增加了图 8-13b 所示的四个螺栓。

（2）**快速多实例化** 图标按钮 的功能是根据当前默认单行阵列的参数将选取的部件形成单行阵列。注意：在"定义多实例化"中设置好参数。

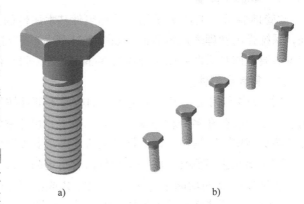

图 8-13 生成单行阵列

a）阵列前 b）阵列后

8.2.2 改变部件的位置

在装配的过程中，必须要弄清楚装配的级别，总装配是最高级，其下级是各级的子装配，即各级的部件。对哪一级的部件进行装配，这一级的装配体必须处于激活状态。在特征树上双击某装配体，使之在特征树上显示为蓝色，此时，该装配体就处于激活状态。如果单击某个装配体，使之在特征树上为亮色显示，此时，该装配体就处于被选择状态。注意：只有激活状态下产品的部件及其子部件才可以被移动和旋转。可以通过指南针和图 8-14 所示的"移动"工具栏改变部件的位置。

图 8-14 "移动"工具栏

1. 用指南针徒手移动部件

将光标移至指南针的红方块，出现移动箭头，按下鼠标左键拖动指南针放在需要移动的形体表面上，指南针将附着在形体上，并且变成绿色。按下鼠标左键，将光标沿指南针的轴线或圆弧拖动鼠标，形体随之平移或旋转。

2. 调整位置

图标按钮 的功能是调整部件之间的位置。可以将选取的部件沿 X、Y、Z 或给定的方向平移，沿 xy、yz、xz 或给定的平面平移，或者绕 X、Y、Z 或给定的轴线旋转。单击该图标，弹出图 8-15 所示调整部件位置的对话框。

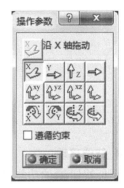

图 8-15 "操作参数"对话框

对话框第一排图标的功能是 X、Y、Z 或给定的方向平移，第二排图标的功能是沿 xy、yz、zx 或给定的平面平移，第三排图标的功能是分别绕 X、Y、Z 或给定的轴线旋转。若"遵循约束"被选中，选取的部件要遵循已经施加的约束，即满足约束条件下调整部件的位置。该切换开关可以检验施加的约束，并可实现总装配体的运动学分析。

单击对话框内要移动或旋转的图标，用光标拖动部件，可多次单击要移动或旋转的图标，用光标拖动部件，直至单击"确定"按钮。

3. 捕捉

图标按钮 的功能是通过改变形体之间的相对位置。单击该图标，依次选择两个元素，出现对齐箭头，在空白处单击鼠标左键，第一个元素移动到第二个元素处与之对齐，从而实现形体移动。表 8-1 表示了几何元素种类及其对齐结果。

表 8-1 几何元素种类及其对齐结果

第一被选元素	第二被选元素	结果
点	点	两点重合
点	线	点移动到直线上
点	平面	点移动到平面上
线	点	直线通过点
线	线	两线重合
线	平面	线移动到平面上
平面	点	平面通过点
平面	线	平面通过线
平面	平面	两面重合

单击图标按钮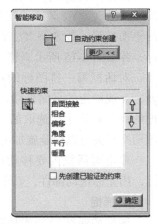，将光标指向螺栓的中心，当轴线呈亮橙色显示时，单击鼠标左键，该几何元素就作为第一被选元素，如图 8-16a 所示。将光标指向螺母的中心时，轴线呈亮橙色显示时，该几何元素就作为第二被选元素，如图 8-16b 所示。单击鼠标左键，螺母和螺栓的被选几何元素处于对齐的位置。在空白处单击鼠标左键，操作结束，如图 8-16c 所示。

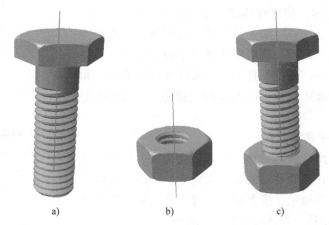

a)   b)   c)

图 8-16　通过两部件的轴线对齐

4. 智能移动

图标按钮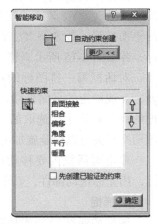的功能是约束和对齐的结合，不仅将形体对齐，而且产生约束。通过"智能移动"对话框选项，可以自动产生一个可能的约束。其操作与捕捉类似。

单击该图标按钮，弹出图 8-17 所示的"智能移动"对话框。在"快速约束"栏选取约束条件，用向上的箭头将其移至顶部，单击"确定"按钮，两部件就建立了相应的约束关系。

5. 分解视图

图标按钮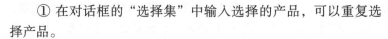的功能是将产品中的各个部件分解，产生装配体的三维分解图。单击该图标按钮，弹出图 8-18 所示的"分解"对话框。

① 在对话框的"选择集"中输入选择的产品，可以重复选择产品。

图 8-17　"智能移动"对话框

② 在"深度"下拉列表框中可以选择"所有级别"或"第一级别"，"所有级别"为分解全部零部件，"第一级别"只分解第一层级。

③ 在"类型"下拉列表框中可以选择"3D""2D"和"受约束"，"3D"表示在三维空间里分解，均匀分布；"2D"表示在二维空间里分解，即将部件投射到 xy 平面上；"受约束"表示根据约束的条件分解，分解后的部件保持相对共线或共面关系。

④ "固定产品"表示固定一个产品。

⑤ "滚动分解"可以显示分解过程，用鼠标单击按钮 ⫷⫸，可以查看分解过程。

⑥ 单击"确定"按钮，弹出"警告"对话框，如图 8-19 所示，询问是否要改变部件位置，单击"是"按钮，则接受部件的分解移动，完成视图的分解。

图 8-18 "分解"对话框

图 8-19 "警告"对话框

分解后各个零部件处于新的空间位置，如要恢复到原先装配状态，要右键单击特征树中的"约束"，在弹出的快捷菜单中选择"约束对象"，然后选择"刷新约束"，如图 8-20 所示，装配体即恢复到原先被约束状态。

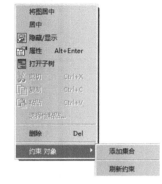

6. 碰撞时停止操作

单击图标按钮 ，能够防止在"自由调整"部件时出现零部件之间的干涉。当零部件之间发生碰撞时，会高亮显示。

图 8-20 "刷新约束"选择步骤

8.2.3 装配约束

约束是装配设计的一个关键因素，零部件之间除了位置关系，还要通过定义装配约束来指定零件相对于装配体或部件的放置方式和位置。

"约束"工具栏包含"相合约束""接触约束""偏移约束""角度约束""空间固定约束""固联""修复部件""快速约束""柔性/刚性子装配件""更改约束"和"重复使用阵列"等约束工具。"约束"工具栏如图 8-21 所示。

图 8-21 "约束"工具栏

一般来说，建立一个装配约束应选取零件参照。零件参照和部件参照是零件和装配体中用于约束定位和定向的点、线、面。例如，通过"相合"约束将一根轴放入装配体的一个孔中，轴的中心线就是元件参照，而孔的中心线就是部件参照。

系统一次只添加一个约束。例如，不能用一个"相合约束"将一个零件上两个不同的孔与装配体中的另一个零件上的两个不同的孔对齐，必须定义两个不同的相合约束。

要对一个零件在装配体中完整地放置和定向（即完整约束），往往需要定义多个装配约束。

在 CATIA 中，可以将多个约束添加到零件上，即使零件的位置已完全约束，仍可指定附加约束，以确保装配件达到设计意图。

1. 相合约束

"相合约束"工具是用于对齐零件的约束工具，根据选择的几何元素，可以获得同心、同轴或共面约束。

打开文件 zhuangpei01.CATProduct，单击"约束"工具栏内的"相合约束"图标按钮

，选择一个零件外侧端面，再选择另一个零件的内侧表面。弹出"约束属性"对话框，如图 8-22 所示。通过选择"方向"下拉列表框中的选项，在这个对话框中可以定义选择面的方向，这些选项是："未定义"，程序会选择最佳方向，应当谨慎使用；"相同"；"相反"。如果选择"相反"，单击"确定"按钮，就产生了一致限制，零件的位置被重新摆放，同时在模型树中也加入了限制显示。

图 8-22 "约束属性"对话框

单击图标按钮 ，依次选择两个元素，则第一元素移动到第二元素位置，将两者重合在一起，如图 8-23 所示。

图 8-23 轴和孔两条轴线的相合约束

2. 接触约束

"接触约束"工具是在平面或曲面之间创建接触的约束工具，它们的公共区域可能是平面（面接触）、线（线接触）、点（点接触）和圆（圆环接触）。

打开文件 zhuangpei02.CATProduct，单击"约束"工具栏内的"接触约束"图标按钮

，选择一个零件的外侧端面，再选择另一个零件的内侧表面。约束完成后，零件上出现近似矩形的图标。通常使用多个约束来完成对零件的约束。表 8-2 为"接触约束"可以选择的对象。

表 8-2 "接触约束"可以选择的对象

	形体平面	球面	柱面	锥面	圆
形体平面	可以	可以	可以		
球面	可以	可以		可以	可以
柱面	可以		可以		
锥面		可以		可以	可以
圆		可以		可以	

单击图标按钮 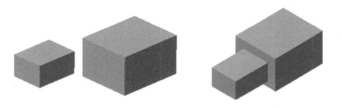，依次选择两个元素，则第一元素移动到第二元素位置，两面外法线方向相反，如图 8-24 所示。

图 8-24 两个长方体表面的接触约束

3. 偏移约束

"偏移约束"工具是用于设定两个元素之间距离的约束工具。

打开文件 zhuangpei03.CATProduct，单击"偏移约束"图标，选择一个零件外侧端面，再选择另一个零件的内侧表面，弹出"约束属性"对话框，偏移值可正可负，如图 8-25 所示。

表 8-3 为"偏移约束"可以选择的对象。

单击图标按钮 ，依次选择两个元素，则第一元素移动到第二元素位置，再在图形中观察两面外法线方向，单击箭头可以使方向反向，如图 8-26 所示。

图 8-25 "约束属性"对话框

表 8-3 "偏移约束"可以选择的对象

	点	线	平面	形体表面
点	可以	可以	可以	
线	可以	可以	可以	
平面	可以	可以	可以	可以
形体表面			可以	可以

4. 角度约束

"角度约束"工具用于限制两个元素之间的角度，同时还可以设置平行和垂直。注意角度值不能超过90°。线和面都可以作为被选择的几何元素。

打开文件 zhuangpei04.CATProduct，单击"约束"工具栏内的"角度约束"图标，选择一个零件的外侧表面，再选择另一个零件的外侧表面，弹出"约束属性"对话框，如图 8-27 所示，选择"角度"选项，输入角度值45°，单击"确定"按钮，即可完成角度约束，如图 8-28 所示。

图 8-26 两平面施加偏移约束

5. 空间固定约束

图标按钮 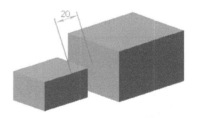 的功能是固定形体在空间的位置。单击该图标，选择带固定的形体，即可施加固定约束。

图 8-27 "约束属性"对话框

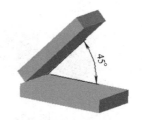

图 8-28 两表面角度约束为 45°

6. 固联

"固联"工具用于装配更新时防止固定部件由于各种操作而产生移动。主要有两种类型：空间中绝对位置的固定和相对其他部件的固定。设计者可以根据需要选择多个零件固定在一起，但是所有选择的零件必须是处于激活状态的。固联后移动其中任意一个零部件，整组部件都将随之移动。

打开文件 zhuangpei05.CATProduct，单击"约束"工具栏内的"固联"图标按钮 ，系统弹出"固联"对话框，如图 8-29 所示。选中这两个零件，在"名称"文本框内，可以对固定在一起的零件取一个新的名字，单击"确定"按钮，两个零件即固定在一起了。同时在左边的模型树中也加入了固定在一起限制显示，如图 8-30 所示。

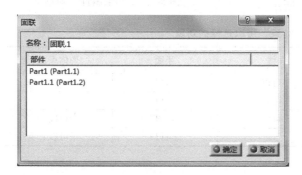

图 8-29 "固联"对话框

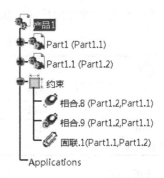

图 8-30 模型树显示"固联"约束

8.2.4 装配分析

装配设计完成后需要进行相应的分析，了解装配状态和参数（部件间的距离和角度），分析某部件的自由度，分析某子装配件的机械参数，查看装配件的某剖面，分析两者间的距离和干涉情况等。CATIA V5 提供了"分析"菜单栏，如图 8-31 所示，菜单栏中包含了"空间分析"工具栏所有内容。该菜单栏提供了很多装配分析功能。下面具体讲解使用方法。

1. 物料清单

选择"分析"→"物料清单"命令，系统弹出"物料清单"对话框，如图 8-32 所示，该对话框有"物料清单"和"清单报告"两个选项卡。

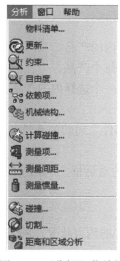

图 8-31 "分析"菜单栏

图 8-32 "物料清单"对话框

2.碰撞

检查碰撞步骤：打开要检查的文件，单击"碰撞"图标按钮 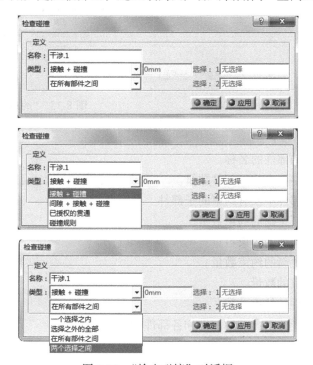，弹出"检查碰撞"对话框，如图 8-33 所示。对话框中各项介绍如下：

（1）类型

碰撞＋接触：两产品是否占用同一空间区域，是否接触。

间隙＋接触＋碰撞：除了上一项，还多了个两产品间隔是否小于预定义的间距距离。

已授权的贯通：用户定义临界区，此区域内两产品可占用同一空间区域且不发生冲突。

图 8-33 "检查碰撞"对话框

（2）计算方式

在所有部件之间：文档中所有其他产品来测试每个产品。

一个选择之内：根据选择内的所有其他产品来测试选择内的产品。

选择之外的全部：文档中所有其他产品来测试选择内的每个产品。

两个选择之间：根据第二个选择内的所有产品来测试第一个选择内的产品。

3. 计算碰撞

该命令可以对装配好的产品进行干涉分析，用于分析部件之间的关系是碰撞、接触或间隙等。

单击菜单"分析"→"计算碰撞"，弹出图 8-34 所示的对话框。利用〈Ctrl〉键选取待分析的两形体。

4. 约束分析

单击"分析"→"约束分析"命令，可以分析活动部件的约束状况，系统弹出"约束分析"对话框，如图 8-35 所示。

图 8-34 "碰撞检测"对话框

图 8-35 "约束分析"对话框

对话框中各项说明如下：

① 活动部件：活动部件的名称。

② 部件：活动部件包含的子部件数量。

③ 未约束：活动部件中没有约束的子部件。

④ 已验证：已验证正确的约束数量。

⑤ 不可能：无法实现的约束数量。

⑥ 未更新：需要更新的约束数量。

⑦ 固联：固联约束的数量。

⑧ 总数：活动部件的约束总数。

⑨ 自由度：分析受约束影响的部件和各部件的自由度状态。

5. 自由度分析

通过"自由度分析"分析部件在装配中的活动程度，以确定是否需要为组成装配的部件添加其他约束。

在三维空间中，一个物体有六个自由度，如果六个自由度全被限制，物体就被固定不动了。

8.3 组件装配案例

1. 活塞连杆的装配

1）进入装配界面。单击"开始"→"机械设计"→"装配设计"命令，进入"装配"工作界面，如图8-36所示。

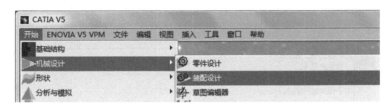

图8-36 系统菜单

2）调用活塞零件，单击"产品结构工具"工具栏中的"现有部件"按钮，再单击模型树中的"产品1"节点，如图8-4a所示，弹出"选择文件"对话框，如图8-37所示。

打开本书配套资源中活塞零件，绘图区出现活塞零件，如图8-38所示。

3）旋转活塞零件。单击"移动"工具栏中的"操作"按钮，弹出"操作参数"对话框，如图8-15所示。单击绕着Y轴旋转的按钮，选择活塞零件，然后按住鼠标左键不放，拖动活塞至图8-39所示的状态即可，单击"确定"按钮，完成对活塞零件位置的调整。

图8-37 "选择文件"对话框

图8-38 活塞零件

图8-39 旋转活塞零件

4）调入连杆零件。单击"产品结构工具"工具栏中的"现有部件"按钮，再单击模型树中的"产品1"节点，弹出"选择文件"对话框。打开本书配套资源中连杆零件，绘图区出现连杆零件，如图 8-40 所示，可以看出连杆的位置不正确，需要进行约束调整。

5）创建相合约束。单击"相合约束"按钮，弹出"助手"对话框，如图 8-41 所示，选择"以后不再提示"复选框，单击"关闭"按钮。这样下次打开相合约束时不再弹出"助手"对话框。

图 8-40 调用的连杆零件

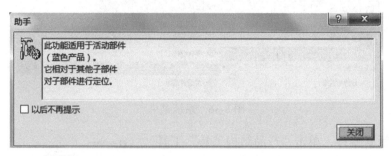

图 8-41 "助手"对话框

创建相合约束时，首先在绘图区选择连杆小孔的轴线（图 8-42），然后再选择活塞小孔的轴线，两者之间的约束关系立刻生效，单击"全部更新"按钮，约束结果如图 8-43 所示。

图 8-42 选择相合约束元素

图 8-43 相合约束的结果

6）创建偏移约束。单击"约束"工具栏中的"偏移"按钮，选择活塞的中心轴线，然后再选择连杆的中心轴线，"偏移"改为 0mm，单击"确定"按钮，如图 8-44 所示。单击"全部更新"按钮，活塞连杆的装配图结果如图 8-45 所示。

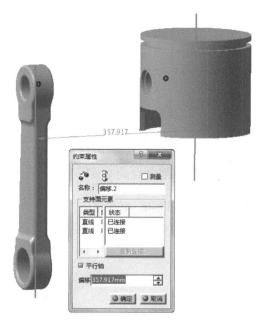

图 8-44 创建"偏移"约束

图 8-45 活塞连杆的装配图结果

2. 螺栓螺母的装配

1）进入装配界面。单击"开始"→"机械设计"→"装配设计"命令，进入"装配"工作界面，如图 8-36 所示。

2）调用螺栓零件，单击"产品结构工具"工具栏中的"现有部件"按钮，再单击模型树中的"产品 1"节点，弹出"选择文件"对话框，如图 8-46 所示。选择文件 luoshuan.CATPart, 单击"打开"按钮，绘图区立刻出现螺栓零件，如图 8-13a 所示。

3）添加螺母零件。单击"产品结构工具"工具栏中的"现有部件"按钮，再单击模型树中的"产品 1"节点，弹出"选择文件"对话框，选择文件"luomu.CATPart"，单击"打开"按钮，绘图区立刻出现螺栓和螺母零件，如图 8-47 所示。但此时的两个零件没有建立转配约束关系。

图 8-46 "选择文件"对话框

4）添加相合约束。单击"相合约束"按钮，单击螺栓的中心找到轴线，再单击螺母的轴线，两个零件自动在轴线处相合，单击"全部更新"按钮，结果如图 8-48 所示。

5）创建偏移约束。单击"约束"工具栏中的"偏移"按钮，选择图 8-49 所示的两个面（螺母的上表面和下表面），弹出"约束定义"对话框，如图 8-50 所示。在"偏移"数值框中输入"12mm"，单击"确定"按钮，单击"全部更新"按钮，完成螺栓螺母的装配约束，结果如图 8-51 所示。

图 8-47　添加的螺母零件

图 8-48　轴线相合

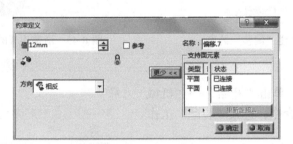

图 8-49　偏移约束　　　　　图 8-50　"约束定义"对话框　　　　　图 8-51　螺栓螺母的装配图

本 章 小 结

　　组件装配是大型工程设计很重要的一步。使用组件装配可以使各个零部件单独设计，然后再装配成一个整体，让设计者更加得心应手。本章按照装配设计的过程，逐步讲解了加载和创建零部件、约束、移动和分析几个方面的内容。通过本章的学习，应该具备了初步装配设计的能力。

课 后 练 习

一、选择题

1. 创建装配设计时，通过约束命令对部件的相对几何关系进行修改后，必须（　　　）。

A. 更新　　　　　　　　B. 再生　　　　　　　　C. 重新定义　　　　D. 无须做任何操作

2. CATIA 中，进行装配设计时，插入的新部件可以是（　　　）。

A. 产品　　　　　　　　B. 部件　　　　　　　　C. 零件　　　　　　D. 以上都是

3. CATIA 装配设计中的约束有（　　　）、接触、（　　　）、角度和固定等。

A. 重合　　　　　　　　B. 偏移　　　　　　　　C. 相关　　　　　　D. 相切

4. CATIA 中装配文件是以（　　　）格式进行保存的。

A. # .CATPdrawing   B. # .CATPart   C. # .CATProduct   D. # .dwg

5. 以下对于装配描述错误的是（   ）。

A. 装配中使用的部件可以是预先存在的

B. 装配文档以 "CATProduct" 为扩展名

C. 装配同样也包含结构树，结构树显示插入的部件和约束

D. 装配中无法对插入的部件进行编辑修改

二、简答题

1. 能否利用偏移约束实现两个平面的重合和接触约束？

2. 在装配过程中，如果零件编号发生了冲突该怎样处理？

3. 怎样检查装配体是否存在干涉问题？

三、绘图题

请参照图 8-52 所示的曲柄连杆机构的示意图，找一台发动机（缸数不限），自测相关零部件的尺寸，绘制出曲轴、连杆和活塞等零部件，并装配成产品。

图 8-52 曲柄连杆机构

第 9 章

工程图设计

CATIA V5 的工程绘图模块由创成式工程绘图和交互式工程绘图组成。创成式工程绘图可以很方便地从三维零件和装配件生成相关联的工程图样⊖，包括各向视图、剖面图、剖视图、局部放大图和轴测图的生成；尺寸可自动标注，也可手动标注；剖面线的填充；生成企业标准的图纸；生成装配件材料表等。交互式工程绘图 (ID1) 以高效、直观的方式进行产品的二维设计，可以很方便地生成 DXF 和 DWG 等其他格式的文件。

9.1 工程图模块设置

9.1.1 生成新文件和打开文件

1. 生成新的平面图

选择"开始"→"机械设计"命令，选择"工程制图"工作台，如图 9-1 所示，弹出"创建新工程图"对话框，如图 9-2 所示，在该对话框中可以选择一个自动生成的视图模式。选择后单击"确定"按钮，就生成一个新的平面图。

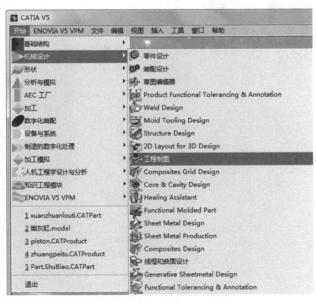

图 9-1 选择"工程制图"工作台

⊖ 图样，是规范的名词术语，因 CATIA V5 的软件中使用名词为"图纸"，所以下文中为了图文一致，使用"图纸"一词代替"图样"。

设计者可以改变图纸的尺寸大小，方法是在"创建新工程图"对话框内单击"修改"按钮。

注意： 只有先打开了一个CATPart零件图，然后再选择"工程制图"工作台，这时才会弹出"创建新工程图"对话框。

2.打开已经存在的文件

单击"标准"工具栏内的"打开"图标，或者选择"文件"→"打开"命令，弹出"选择文件"对话框。选择一个已经存在的文件，单击"打开"按钮，打开一个新文件。

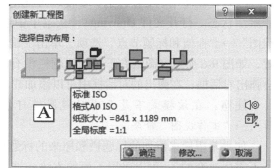

图9-2　"创建新工程图"对话框

9.1.2　纸张有关图标

1.定义纸张大小

单击"标准"工具栏内的"新文件"图标，或者选择"文件"→"新文件"命令，弹出"新建"对话框，如图9-3所示。在对话框内选择"Drawing"选项，单击"确定"按钮，弹出"新建工程图"对话框，如图9-4所示。在"标准"下拉列表框中选择"ISO"选项，在"图纸样式"选项选择"A0 ISO"，选择"横向"视图选项，单击"确定"按钮。

注意图纸的大小与所选的标准有关，设计者也可以选择其他标准。在任何时候都可以对图纸的各个参数（标准、纸张格式、方向和比例等）进行修改。选择"文件"→"页面设置"命令后将弹出"页面设置"对话框，如图9-5所示，在这里可以修改参数的设置。

注意，在使用"纸张"命令以前，要使"可视化"工具栏内的"草图编辑器网格"图标处于非激活状态。

图9-3　"新建"对话框

图9-4　"新建工程图"对话框

图9-5　"页面设置"对话框

2.增加一个新图纸

单击"工程图"工具栏内的"新图纸"图标，一个新图纸自动生成。一旦生成了多个图纸，而要在多个图纸之间切换，就可以通过单击窗口左侧的模型树选项，或是单击图纸上侧的标签，另外就是通过打开不同对话框的方式来在图纸之间实现切换。

3. 生成图纸标题栏

注意，在使用本命令以前，要使"可视化"工具栏内的"草图编辑器网格"图标▓处于非激活状态。打开文件 Drawing1，从菜单中选择"编辑"→"图纸背景"命令，选中"工程图"→"框架和标题节点"选项，单击"确定"按钮，就会生成新的图纸页框和标题栏设置，如图 9-6 所示。图纸右下角的标题栏没有填写内容，可以对其进行放大，双击各项，就会弹出对话框，在弹出的对话框中可以添加或者修改相应的内容。

注意：在该模式下是无法对视图进行修改的。当需要在视图上工作时，选择"编辑"→"工作视图"命令。

如果希望后来添加的标题栏和原来的标题栏一致（如单位、名称和项目等很多栏的内容是不需要改变的），可以采用下面的方法：选择"工具"→"选项"→"机械设计"→"工程制图纸"→"布局"命令，选中"复制背景视图"选项和"第一张图纸"选项。

4. 在标题栏内插入一个图形

注意，在使用本命令以前，要使"可视化"工具栏内的"草图编辑器网格"图标 ▓ 处于非激活状态。打开文件 Drawing1，选择"编辑"→"图纸背景"命令，然后选择"插入"→"对象"命令，弹出"插入对象"对话框，如图 9-7 所示。然后，在该对话框中选择"由文件创建"单选按钮，弹出"浏览"对话框，插入的文件是 CATIA 相应目录下的设计图。图形插入后，将显示在图的左下角，面积很小看不见，将图形拖到图的右下角，并调整其尺寸大小。

图 9-6 "管理框架和标题块"对话框

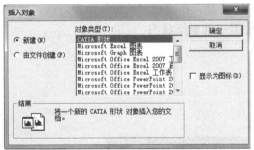

图 9-7 "插入对象"对话框

5. 管理背景

注意，在使用本命令以前，要使"可视化"工具栏内的"草图编辑器网格"图标▓处于非激活状态。

选择"工具"→"选项"命令，弹出"选项"对话框。选择"机械设计"→"工程制图"→"布局"命令，选中"复制背景视图"复选框和"其他工程图"单选按钮，如图 9-8 所示。单击"选项"对话框内的"确定"按钮。

单击"工程图"工具栏内的"新图纸"图标▢，弹出"将元素插入图纸"对话框，如图 9-9 所示。单击对话框内的"浏览"按钮，弹出"选择文件"对话框，在相应目录内选择所需文件。选中"显示预览"复选框，以便预览图形。单击"打开"按钮，在"将元素插入图纸"对话框内即显示选定文件的图框和标题栏，单击"插入"按钮，就形成一个新的图样。

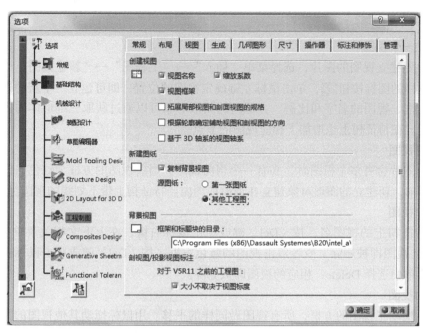

图 9-8　"选项"对话框

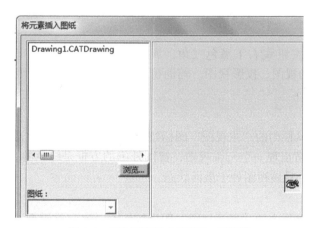

图 9-9　"将元素插入图纸"对话框

在任何时候，如果不想预览文件的图框和标题栏，单击"将元素插入图纸"对话框右下角的图标，就可以在显示和隐藏状态之间进行切换。

9.2　创建视图

视图是工程图中的灵魂，利用它表达设计师的意图。视图（View）是指相对独立的一组图形对象。虽然可以将图形对象直接绘制在图片上，但不便于图形对象的管理与操作，因此，通常都是首先建立视图，然后将图形对象绘制在视图内。

CATIA 软件中提供了许多视图生成工具，该工具栏包含投影视图工具、截面视图工具、详图工具、剪裁视图工具、布局视图和视图创建向导工具。

9.2.1　视图操作

1. 建立一个视图

激活所要建立视图的图片，选择菜单"插入"→"工程图"→"新建视图"或单击"工程图"工具栏的图标按钮，单击鼠标左键确定视图的位置，即可建立一个新的视图。新的视图只有方框、视图的名字和比例。方框内的图形对象可以通过获取三维形体的投影或绘制的方式得到。在特征树上也增加了相应视图的节点。

2. 当前视图

若同一图片含有多个视图时，必有一个当前视图。当前视图的方框为红色，内部显示着 X 和 Y 坐标轴，新建立的图形对象建立在当前视图内。特征树上带下划线的视图为当前视图。

3. 删除视图

单击特征树上的视图名，按〈Del〉键或单击鼠标右键，在上下文相关菜单中选择 Delete，相应的视图即被删除。或者双击视图的蓝色方框，按〈Del〉键或单击鼠标右键，在上下文相关菜单中选择 Delete，相应的视图即被删除。

4. 移动视图

用鼠标拖动主视图的方框，所有视图做同样的平移。用鼠标拖动其他视图的方框，因为其他视图与主视图投影关系不应该变，因此只能沿着特定的方向平移。例如，侧视图只能沿着水平方向平移。

9.2.2　创建投影视图

单击"主视图"按钮右下黑色三角，展开"投影"工具栏，该工具栏包含主视图、展开视图、来自 3D 的视图、投影视图、辅助视图、等轴测视图和高级主视图七个生成投影视图工具。

1. 主视图

单击"视图"工具栏内的"主视图"图标按钮，在三维视图上选择一个表面或者一个参考平面。在图纸上将出现一个三维视图，视图外围的方框是绿色的，在图纸上单击一点，就形成了一个视图，并且该视图处于激活状态。

2. 展开视图

单击"视图"工具栏内的"展开视图"图标按钮，在三维模型上选择一个面作为投影参考平面，在平面图纸上单击一点，就形成了展开图。

3. 来自 3D 的视图

单击"视图"工具栏内的"3D"图标按钮，并在三维模型上选择一个面作为投影参考平面，在平面图纸上单击一点，就形成了一个带功能尺寸和公差的视图。

4. 投影视图

1）单击"视图"工具栏内的"投影视图"图标按钮，可以获取形体的俯视图、左视图、右视图和仰视图，但是只能通过主视图间接获取。

若将鼠标移至主视图方框的右侧，则动态地显示了左视图，单击鼠标左键，即可得到左视图。将鼠标移至主视图方框的下方，则动态地显示了俯视图，单击鼠标左键，即可得到俯视图。同样的操作可得仰视图和右侧视图。

2）获取形体的后视图。因为后视图与主视图不相邻，因此只能通过其他视图间接获取后视图。双击其他视图的方框，如双击左视图的，单击图标按钮囧，将鼠标移至左视图的右侧，则动态地显示了后视图，单击鼠标左键，即可得到后视图。

5. 辅助视图

辅助视图是指基本视图以外的视图。有些形体的表面与基本投影面倾斜，通常用辅助视图表达这样表面的实形。

单击"视图"工具栏内的"辅助视图"图标按钮，在平面图纸上选择一个面作为投影参考平面，选择辅助视图的位置，在主视图上将生成 A—A 的标识，以标明视图是从哪个方向进行观察的，同时也将生成一个辅助视图。

6. 等轴测视图

单击"视图"工具栏内的"等轴测视图"图标按钮，在图上出现动态显示的三维轴测投影图，在合适的位置单击鼠标左键，就形成了一个轴测投影图。

7. 高级主视图

单击"视图"工具栏内的"高级主视图"图标按钮，弹出"视图参数"对话框，在"视图名称"文本框内将视图命名，在"标度"栏内将比例值修改为 1:2，单击"确定"按钮，完成设置。在三维视图上选择一个参考平面作为投影平面，这时，图上出现一个蓝色箭头（此时还可以选择其他平面作为参考平面）。在图纸上单击，就生成了一个主视图。

9.2.3　创建剖视图

剖视图是工程图的重要组成部分，利用它可以清楚地表达零件的内部结构，在绘制工程图时被广泛使用。

1. 偏移的截面剖视图

单击"视图"工具栏内的"偏移的截面剖视图"图标按钮，在三维模型上选择一个面作为投影参考平面，在平面图纸上选择点，如果对选择的元素不满意，可以单击"标准"工具栏内的"撤销"图标按钮或者"重做"图标按钮进行调整。在剖视线的终点上双击，就形成了剖视线。

当把要生成的视图移到主视图的下方时，主视图上剖视线的方向箭头是向下的，当把要生成的视图移到主视图的上方时，主视图上剖视线的方向箭头则是向上的，在主视图上方单击，即生成一剖视图。

如果在"选项"对话框内对"视图名称"和"比例因子"选项进行了设置，在生成的剖视图上就会出现一个小的虚线框，内有剖视图名称和放大比例。

2. 对齐剖视图

单击选择"视图"工具栏内的"对齐剖视图"图标按钮。在主视图上单击选择三个孔的中心线，形成一条折线作为剖视线，同时在三维模型上自动显示剖视面，在合适的位置单击鼠标左键，就形成了一个旋转剖视图或者旋转断面图。

3. 偏移截面分割

单击"视图"工具栏内的"偏移截面分割"图标按钮，在三维模型上选择一个面作为投影参考平面。将鼠标指针移到所需创建截面特征处，鼠标指针自动捕捉到对称中心线，将鼠标指针缓慢上移，移动到图形外面后单击，然后向下移动鼠标指针，移动到图形外面后单击，这样就形成了剖视线，同时在三维模型上相应的位置会自动显示一个剖视面。

当把要生成的视图移到主视图的左侧时，主视图上剖视线的方向箭头是向左的；当把要生成的视图移到主视图的右侧时，主视图上剖视线的方向箭头则是向右的，在视图右侧单击，生成断面图。

如果在"选项"对话框内选定"视图名称"和"比例因子"选项进行了设置，在剖视图上就会出现一个小的虚线框，内有剖视图名称和放大比例。

4. 对齐截面分割

单击图标按钮，在活动的视图内输入两个点（通常是形体或结构对称线上的点），双击鼠标左键，系统自动完成这些点的连线，确定了该剖切平面的位置，并动态地在两端添加两个字母和两个箭头，以示投影方向。随后动态地显示了形体的投影，移动鼠标调整剖视图的位置和投影方向，单击鼠标左键，即可得到断面图。

9.2.4　创建局部放大视图

在工程图设计中，总会有精细的地方显示不清，如果将整体视图放大，将占用很大的图纸空间，遇到这种情况，一般是以正常比例绘制整个视图，然后将精细的地方利用局部放大比例绘制。CATIA V5 提供了一个"详细信息"工具栏，该工具栏包含"详细视图""详细视图轮廓""快速详细视图"和"快速详细视图轮廓"四个工具。

1. 详细视图

单击图标按钮，在活动的视图内输入一点确定圆心，移动并单击鼠标左键确定半径，用鼠标确定局部视图的中心位置，单击鼠标左键，即可得到形体的局部视图。

2. 详细视图轮廓

单击图标按钮，在活动的视图内输入多边形的顶点，用鼠标确定局部视图的中心位置，单击鼠标左键，即可得到形体的局部视图。

3. 快速详细视图和快速详细视图轮廓

快速详细视图与快速详细视图轮廓的不同在于，快速详细视图是直接对二维放大图纸的部分进行放大，而快速详细视图轮廓是对三维视图进行布尔运算后生成的，因此用两种放大方式生成的图不是完全一样的。

单击"视图"工具栏内的"快速细节视图轮廓"图标按钮，在要放大的部位单击一点，然后移动鼠标，单击一点，画出一条轮廓线，继续移动鼠标，画一个轮廓多边形，在最后一点要双击鼠标，形成封闭多边形。在合适的位置单击鼠标左键，就形成一个局部快速放大视图。

如果单击"视图"工具栏内的"快速详细视图"图标按钮，就要在放大的部位画一个圆。

9.2.5　创建裁剪视图

单击"视图"工具栏内的"快速裁剪"图标按钮，在要裁剪的部位单击一点，然后移动鼠标，出现一个圆，在合适的位置单击一点，确定圆的半径，在合适的位置单击鼠标左键，就形成了一个局部放大图。

如果单击"视图"工具栏内的"快速裁剪视图轮廓"图标按钮，就要在放大的部位画一个多边形，在最后一点处双击鼠标，以形成封闭多边形。

注意，在局部放大图上原来生成的尺寸线就不存在了，注释也不再与形成的局部放大图相连接，并自动变为"不显示"状态。单击"视图"工具栏内的"隐藏 / 显示"图标按钮🔲，选择希望在局部放大图上出现的尺寸线，单击"视图"工具栏内的"切换显示状态"图标按钮🔲，就将尺寸线显示出来了。

9.2.6　创建局部视图

"局部视图"工具栏是创建断开视图和局部剖视图的工具栏，该工具栏包含"局部视图""剖面视图"和"添加 3D 剪裁"三个工具。

1. 局部视图

单击"视图"工具栏内的"分解视图"图标按钮🔲，在图纸上单击一点，作为截断视图的一个断点位置，出现一个绿色的点画线，允许设计人员在垂直方向或者水平方向截断视图，显示的是在垂直方向截断视图，显示的是在水平方向截断视图。再单击选择第二个断点位置，在合适的位置单击鼠标左键，就形成了一个截断视图。

2. 剖面视图

单击二维图纸窗口，单击"视图"工具栏内的"剖面视图"图标按钮🔲，在图上单击一点作为剖视线的起点，再单击几点，双击最后一点，形成封闭的图形，单击完成后会弹出"3D 查看器"窗口，在窗口内选中"动画"复选框，在二维图纸窗口选择一个棱边，选择的棱边变为橘黄色，同时在"3D 查看器"也显示出来，也可以在"3D 查看器"窗口拖动选择的面，这个面就左右移动，可以把选择的面拖动到设计者希望的位置，在"3D 查看器"窗口单击"确定"按钮，就形成了局部剖开视图。

9.2.7　修饰视图

修饰视图是指在已有视图的基础上添加圆孔（轴）的中心线、螺纹大径、轴线、箭头和填充图案。

单击菜单"插入"→"修饰"，显示有"轴和螺纹""区域填充"和"箭头"工具栏。

1. 添加圆的中心线

单击该图标按钮⊕，选取圆或圆弧，即可添加圆或圆弧的中心线。

2. 添加圆或圆弧相对于基准对象的中心线

单击该图标按钮◎，选取圆或圆弧，再选取基准对象，即可添加一个圆或圆弧相对于基准对象的中心线。

3. 添加孔的螺纹大径和中心线

单击该图标按钮⊕，选取圆或圆弧，即可添加圆或圆弧的螺纹大径和中心线。

4. 添加圆或圆弧相对于基准对象的螺纹大径和中心线

单击该图标按钮◎，选取圆或圆弧，再选取基准对象，即可添加一个圆或圆弧相对于基准对象的螺纹大径和中心线。

5. 添加轴线

单击该图标按钮🔲，若选取的两个对象是圆或圆弧，则通过两者的中心添加一条轴线；若选取的对象一个是圆或圆弧，另一个是直线，则过圆或圆弧的中心添加一条垂直于直线的轴线；若选取的两个对象是直线，则添加两者的一条对称轴线。

6. 添加两个圆或圆弧的中心线和轴线

单击该图标按钮，若选取两个圆或圆弧，则添加两者的中心线和通过两者中心的轴线。

7. 添加箭头

单击图标按钮，输入箭头的起点 P1，再输入箭头的终点 P2，即可得到一个箭头。

9.2.8　标注工具栏

单击菜单"插入"→"标注"，显示有"文本""符号""表"和"添加引出线"工具栏。

1. 文本

单击图标按钮 **T**，输入文本的定位点，在随后弹出的文本编辑对话框内输入文本，单击"确定"按钮，即可得到处于编辑状态的文本。单击方框之外的任意一点，文本绘制完毕。

2. 尺寸标注

尺寸标注是工程图必不可少的内容。CATIA 除了以交互方式标注尺寸外，还可以自动生成尺寸。

单击"插入"→"尺寸标注"→"尺寸"的下级菜单，或者单击图标按钮的下三角符号，可以调用标注尺寸的命令。

（1）标注多种类型的尺寸　单击该图标按钮，选取一个待标注的对象，确定尺寸线的位置，即可实现尺寸标注。如果连续选取两个待标注的对象，确定尺寸线的位置，即可标注两个对象的距离。如果所选的是两条直线，则标注这两条直线的夹角。

（2）标注累积型的尺寸　单击该图标按钮，选取依次两个点，输入尺寸线的位置，即可得到累积型尺寸。

（3）标注基线型的尺寸　单击该图标按钮，选取一个点作为基准起点，依次选取几个点，输入第一条尺寸线的位置点，即可完成基线型尺寸的标注。

（4）专门用于标注长度型的尺寸　单击，该图标按钮与标注多种类型的尺寸图标按钮在标注长度型尺寸时的功能及操作相同，可以只画一侧的尺寸界线和箭头。

（5）专门用于标注角度型的尺寸　单击，该图标按钮与标注多种类型的尺寸图标按钮在标注角度型尺寸时的功能及操作相同。

（6）标注半径型的尺寸　单击，该图标按钮与标注多种类型的尺寸图标按钮在标注半径型尺寸时的功能及操作相同。

（7）标注直径型的尺寸　单击，该图标按钮与标注多种类型的尺寸图标按钮在标注直径型尺寸时的功能及操作相同。

（8）标注倒角型的尺寸　单击该图标按钮，选取倒角直线，选取基准线（如与之邻接的水平或垂直的直线），确定尺寸线的位置，即可完成倒角型尺寸的标注。

（9）标注螺纹的尺寸　单击该图标按钮，选取螺纹的两条大径，即可完成螺纹的尺寸标注。

（10）标注坐标型的尺寸　单击该图标按钮，选取要标注的点，如圆的中心，输入旁注线端点的位置，即可得到坐标型的尺寸标注。

（11）建立孔的尺寸表　单击该图标按钮，选取要建立尺寸表的孔，确定孔表式样的对话框。

9.2.9　几何公差

如果对零件的表面形状或一些表面之间的相对位置有较高的精度要求，就应该标注零件的形状或位置精度，即标注几何公差。

通过"插入"→"尺寸标注"→"公差"的下级菜单，或者"尺寸标注"工具栏的基准特征图标按钮 ▣ 的"几何公差"图标按钮 ▦ ，可以调用标注几何公差的命令。

9.2.10　标注几何公差基准

单击图标按钮▣，确定待标注的对象，确定几何公差基准框的位置，在随后弹出的对话框填写几何公差基准名称，单击"确定"按钮，即可完成几何公差基准的标注。

9.2.11　标注符号

技术要求是零件图的重要内容之一，标注表面粗糙度符号、焊接符号是技术要求中的重要内容。通过"插入"→"标注"→"符号"的下级菜单，或者"标注"工具栏 ✓ 的"符号"子工具栏 ✓ ✕ ▣ ，可以调用标注符号的命令。

9.3　综合实例

1. 打开本书配套资源 gangti.CATPart，创建缸体的视图，并标注尺寸

1）打开零件"缸体"的三维模型文件。单击"文件"→"打开"，选择缸体的三维模型文件 gangti.CATPart，进入图 9-10 所示的零件设计模块。

图 9-10　缸体

2）单击"文件"→"新建"，弹出图 9-11 所示的"新建工程图"对话框，选择"ISO"标准、"A3"样式和"横向"图幅后，单击"确定"按钮，进入工程制图模块。

3）生成主视图。单击图标按钮 ▤ ，选择菜单"窗口"→"gangti.CATPart"，切换到零件设计环境。选择大圆柱体的端面，自动返回图 9-12 所示的工程制图环境。在空白处单击鼠标左键，即可得到主视图，也可以通过操纵盘确定投影的方向。

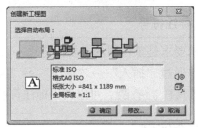

图 9-11　新建工程图

4）生成俯视图和左视图。单击图标按钮▣，将光标移至主视图的下方，动态地显示着俯视图。单击左键，得到俯视图，同理得到缸体的左视图，如图 9-13 所示的三视图。

5）单击"可视化"工具栏中的图标按钮▣，隐藏视图的边框。

6）右击主视图的坐标轴，在快捷菜单中选择"隐藏 / 显示"，隐藏坐标轴。

7）右击特征树的节点"主视图"，在快捷菜单中选择"属性"，弹出图 9-14 所示的"属性"对话框，在"修饰"域选中"中心线"和"轴"复选框，单击"确定"按钮。同理也对俯视图和左视图做同样的操作，如图 9-15 所示。

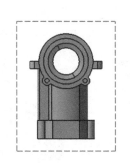

图 9-12　定义主视图

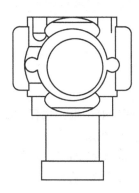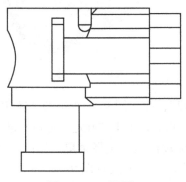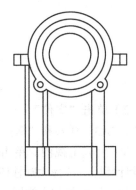

图 9-13　三视图

图 9-14　"属性"对话框

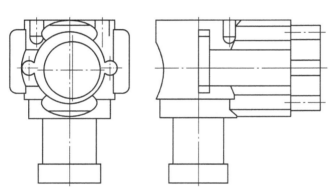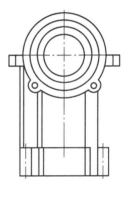

图 9-15　修改视图的属性

8）自动生成尺寸标注。单击"生成尺寸"图标按钮，弹出"生成的尺寸分析"对话框，如图 9-16 所示，显示了该零件的约束数量和尺寸数量，单击"确定"按钮，自动标注了尺寸，可以通过快捷菜单修改尺寸标注的位置、尺寸线的长度和字体的大小，结果如图 9-17 所示。

9）调整或增补尺寸标注。根据需要还可以通过"尺寸标注"工具栏的工具改注尺寸，因为结构的生成过程中在一些特征工具影响下，可能会出现重复标注或未标注完整的现象。读者可自行补充完整图 9-17 中未标注的尺寸。

图 9-16　"生成的尺寸分析"对话框

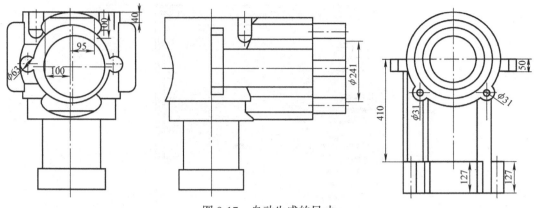

图 9-17　自动生成的尺寸

2. 打开本书配套资源 chuandongzhou.CATPart，创建缸体的视图，并标注尺寸

1）打开零件"传动轴"的三维模型文件。单击"文件"→"打开"，选择传动轴的三维模型文件 chuandongzhou.CATPart，进入图 9-18 所示的零件设计模块。

图 9-18　传动轴

2）单击"文件"→"新建"，弹出"新建"对话框，选择"ISO"标准、"A3"样式和"横向"图幅后，单击"确定"按钮，进入工程制图模块，生成三个视图，如图 9-19 所示。

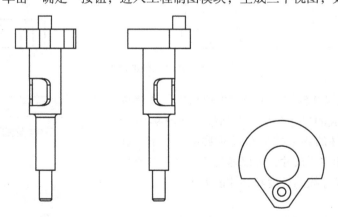

图 9-19　传动轴的三视图

3）修改主视图的投影方向。在主视图的红色虚线框上单击鼠标右键，在弹出的快捷菜单中选择"主视图对象"→"修改投影平面"命令，重新生成主视图，如图 9-20 所示。

4）单击剖视图图标按钮，在主视图上通过凹槽的中心绘制一条直线，在主视图右侧单击确定 A—A 剖视图，如图 9-21 所示。

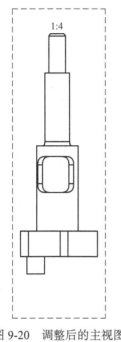

图 9-20　调整后的主视图

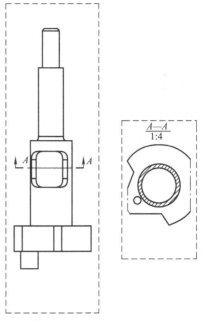

图 9-21　生成剖视图 A—A

5）在 A—A 剖视图上双击其虚线框，使其成为当前的工作视图。单击"插入"→"视图"→"详细信息"→"快速详图"，或者单击图标按钮 ，如图 9-22 所示。由于局部视图 B 比较小，需要进一步放大，在"详图 B"的虚线框上单击鼠标右键，在弹出的快捷菜单中选择"属性"，在弹出的属性对话框中的"缩放"输入栏中输入"2∶5"，结果如图 9-23 所示。

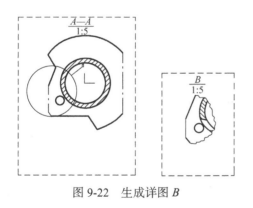

图 9-22　生成详图 B

图 9-23　放大详图

6）单击尺寸标注图标按钮 ，在主视图上标注尺寸，如图 9-24 所示。

7）选择凹槽两个边的尺寸，单击鼠标右键，在弹出的快捷菜单中选择"属性"，在弹出的"属性"对话框中选择"公差"选项卡，在"主值"栏中设置参数，如图 9-25 所示，单击"确定"按钮，结果如图 9-26 所示。

8）标注几何公差基准。单击图标按钮 ，确定待标注的对象，如图 9-27 所示的位置，确定几何公差基准框的位置，在随后弹出图 9-28 所示的对话框中填写几何公差基准的名称，单击"确定"按钮，即可完成图 9-29 所示几何公差基准的标注。

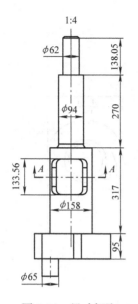

图 9-24　尺寸标注

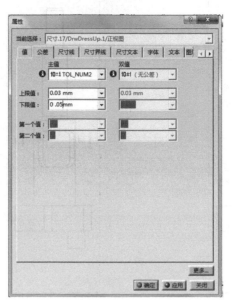

图 9-25　"属性"对话框

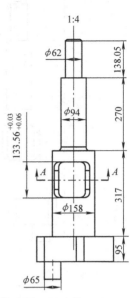

图 9-26　标注公差

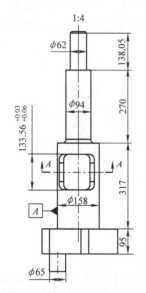

图 9-27　标注几何公差基准

图 9-28　"基准特征创建"对话框

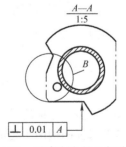

图 9-29　垂直方向的几何公差

9）添加标题栏。选择"编辑"→"图纸背景"命令，接着单击"框架及标题节点"图标按钮 ▢，在"管理框架和标题块"对话框中的"标题块的样式"下拉列表框中选择一种标题栏的样式"绘制标题节点示例1"，单击"确定"按钮插入，将标题栏中相应的部分修改，选择"编辑"→"工作视图"命令，返回绘图窗口中，如图9-30所示。

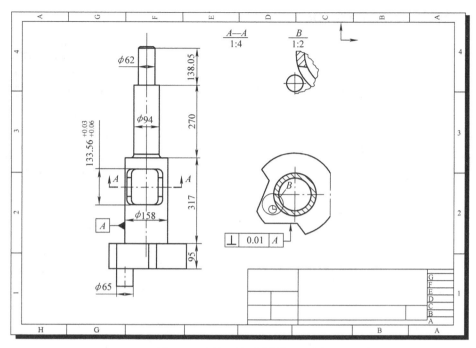

图 9-30 添加了标题栏的工程图

本 章 小 结

　　工程图是提供给产品加工、检验等技术人员使用的资料，工程图设计在 CATIA 应用中占有十分重要地位，也是三维软件设计功能的关键优势之一。本章主要介绍了视图（包括剖视图和局部视图）的创建，尺寸的标注、公差的标注等内容。本章的重点是如何创建视图，难点是工程图的编辑和修改，读者可根据文中示例多加练习。

课 后 练 习

一、选择题

1. 一个 CATDrawing 类型的文件_____含有多个图片，一个图片_____含有多个视图。

　　A. 可以　可以　　　　　　B. 可以　不能　　　　　C. 不能　可以　　　　D. 不能　不能

2. _____改变图片的名字，_____改变视图的名字。

　　A. 可以　可以　　　　　　B. 可以　不能　　　　　C. 不能　可以　　　　D. 不能　不能

3. 图片_____被删除，视图_____被删除。

　　A. 可以　可以　　　　　　B. 可以　不能　　　　　C. 不能　可以　　　　D. 不能　不能

4. Ａ工具的作用是（　　　）。

　　A. 标注基准　　　　　　　B. 标注长度　　　　　　C. 添加公差基准　　　D. 添加字体

5. 主视图一般是由以下（　　　）工具生成的。

　　A. ▣　　　　　　　　　　B. ▣　　　　　　　　　C. ▣　　　　　　　　D. ◈

二、请将图 9-31 所示的图形绘制成工程图

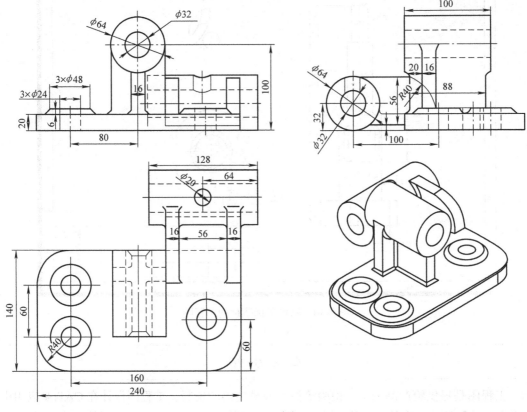

图 9-31　台架

参 考 文 献

[1] 李学志，李若松，方戈亮 . CATIA 实用教程 [M].2 版 . 北京 : 清华大学出版社，2011.

[2] 詹熙达 . CATIA V5-6 R2014 宝典 [M]. 北京 : 机械工业出版社，2016.

[3] 北京兆迪科技有限公司 . CATIA V5R20 实例宝典 [M]. 修订版 . 北京 : 机械工业出版社，2017.

[4] 秦琳晶，姜东梅，王晓坤 . 中文版 CATIA V5R21 完全实战技术手册 [M]. 北京 : 清华大学出版社，
2017.

[5] 刘宏新 . CATIA 工程制图 [M]. 北京 : 机械工业出版社，2014.

[6] 北京兆迪科技有限公司 . CATIA V5-6R2016 曲面设计实例精解 [M]. 北京 : 机械工业出版社，2018.

[7] 李苏红 . CATIA V5 实体造型与工程图设计 [M].2 版 . 北京 : 科学出版社，2019.

[8] 刘素梅 . CATIA V5 基础教程及应用技术 [M]. 北京 : 机械工业出版社，2015.